新疆且末县
地下微咸水资源调查评价与利用

董江伟	周金龙	李　江	
雷　米	姜　凤	任天宏	著
刘　亮	邓国华	赵水金	

中国地质大学出版社
ZHONGGUO DIZHI DAXUE CHUBANSHE

图书在版编目(CIP)数据

新疆且末县地下微咸水资源调查评价与利用/董江伟等著. —武汉:中国地质大学出版社,
2025.7. —ISBN 978-7-5625-6257-3

Ⅰ.P641.8

中国国家版本馆 CIP 数据核字第 2025VN1796 号

新疆且末县地下微咸水资源调查评价与利用	董江伟　周金龙　李　江	
	雷　米　姜　凤　任天宏	著
	刘　亮　邓国华　赵水金	

责任编辑:何　煦	选题策划:周　阳	责任校对:张咏梅

出版发行:中国地质大学出版社(武汉市洪山区鲁磨路388号)　　邮编:430074
电　　话:(027)67883511　　传　　真:(027)67883580　　E-mail:cbb @ cug.edu.cn
经　　销:全国新华书店　　　　　　　　　　　　　　　　　　https://cugp.cug.edu.cn

开本:787mm×1092mm　1/16　　　　　　　　字数:231 千字　　印张:9
版次:2025 年 7 月第 1 版　　　　　　　　　　印次:2025 年 7 月第 1 次印刷
印刷:河北虎彩印刷有限公司

ISBN 978-7-5625-6257-3　　　　　　　　　　　　　　　　　定价:88.00 元

如有印装质量问题请与印刷厂联系调换

目录 Contents

1 绪 论 ··· (1)
   1.1 地下微咸水资源调查评价与利用的国内外现状综述 ································· (1)
   1.2 且末县概况 ··· (5)
   1.3 且末县地下微咸水资源利用的必要性 ··· (6)
   1.4 且末县地下微咸水资源利用的可行性 ··· (7)
   1.5 研究目的与任务 ··· (8)
   1.6 研究工作的技术依据 ·· (9)
   1.7 研究区水文地质研究程度 ·· (10)
   1.8 工作概况及工作量 ·· (10)

2 自然地理与地质条件 ·· (12)
   2.1 研究区自然地理及交通状况 ·· (12)
   2.2 气象与水文 ··· (12)
   2.3 地形与地貌 ··· (14)
   2.4 区域地质概况 ·· (14)

3 区域水文地质条件及水资源开发利用现状 ·· (16)
   3.1 地下水的形成 ·· (16)
   3.2 地下水赋存 ··· (17)
   3.3 含水层岩性及富水性特征 ·· (19)
   3.4 地下水补给、径流、排泄条件 ··· (25)
   3.5 地下水水化学特征 ·· (28)
   3.6 地下水位动态特征 ·· (31)
   3.7 水资源开发利用现状 ··· (34)

4 地下水资源计算与评价 ··· (37)
   4.1 参数的来源与选取 ·· (37)

I

4.2 水均衡分析 ……………………………………………………………… (40)
4.3 地下水资源计算与评价方法的选择 ……………………………………… (41)
4.4 平原区地下水资源量与可开采量评价 …………………………………… (54)
4.5 三苇厂以下河段地下水补给量 …………………………………………… (61)
4.6 地下水质量评价 …………………………………………………………… (63)
4.7 山丘区地下水资源量评价 ………………………………………………… (71)
4.8 流域地下水资源总量 ……………………………………………………… (76)
4.9 本次评价同历次成果数据对比 …………………………………………… (77)
4.10 地下水补给量估算 ……………………………………………………… (79)
4.11 地下微咸水可利用量估算 ……………………………………………… (88)

5 地下微咸水利用现状调查评价与潜力分析 ……………………………… (89)

5.1 微咸水现状调查 …………………………………………………………… (89)
5.2 地下微咸水开采潜力评价 ………………………………………………… (89)
5.3 微咸水分布概况 …………………………………………………………… (89)
5.4 近期2028年微咸水开发利用方案 ………………………………………… (90)
5.5 远期2035年微咸水开发利用方案 ………………………………………… (92)

6 结论与建议 ……………………………………………………………………… (94)

6.1 结　论 ……………………………………………………………………… (94)
6.2 建　议 ……………………………………………………………………… (94)

主要参考文献 ………………………………………………………………… (100)

附　表 ………………………………………………………………………… (103)

附　图 ………………………………………………………………………… (114)

1 绪 论

1.1 地下微咸水资源调查评价与利用的国内外现状综述

地下水资源关乎地区生态平衡与经济发展。但因人类活动加剧、气候变化，淡水资源短缺愈发严峻，地下微咸水作为可再生资源，渐受学界与业界关注。目前对地下咸水界定尚未形成统一标准，通常以溶解性总固体(TDS)数值作为主要判断依据(王静，2019)。按照相关标准，通常将 TDS 为 2～5 g/L 的地下水定义为微咸水。在全球水资源短缺的严峻形势下(廖会娟等，2024)，传统淡水资源开发利用面临瓶颈(徐丽丽等，2023)，微咸水因其独特性，在淡水匮乏时成为经济可行的替代水源，尤其在干旱和半干旱地区的工农业领域潜力巨大。近年来，国内外针对微咸水的研究与开发不断深入。国外部分国家成功将微咸水引入灌溉和工业流程，为我国提供了宝贵经验。我国江苏南通、宁夏等地广泛分布微咸水，学者对此开展了相关研究(李进等，2021；徐天渊等，2021；季晓云等，2022)。不过，微咸水开发利用仍面临水质、土壤、开采管理等诸多挑战。因此，加强研究，制定合理策略，实现可持续开发，关注法规完善与技术研发，对推动微咸水高效利用至关重要。

1.1.1 国内外地下微咸水资源调查评价现状

1906 年瑞典率先将电阻率法用于微咸水的探测，直到 20 世纪 30 年代，Swartz(1937)利用电阻率法监测海水入侵中的咸淡水界面。20 世纪 80 年代，二维和三维物探方法逐渐取代了早期的一维方法，高密度电阻率法由此诞生(Dahlin，2001；陈麟，2020)，并于 1980 年传入我国(孙寅鹤，2000)。近年来，随着技术的不断发展，地下微咸水调查探测方法呈现出多样化的趋势，每种方法都各有特点，具体如表 1.1-1 所示。

从传统的分层取样到先进的地球物理探测与新兴技术，丰富多样的调查探测方法，构建起了完善的地下微咸水探测技术体系。这为深入剖析微咸水的赋存、分布及水文地球化学特征，提供了坚实支撑。

在地下微咸水调查方面，国外研究重点集中于水文地球化学特征、海水入侵机制及地下水质量评估。Morsy 和 Hadidy(2025)综合运用遥感数据、地下水水化学数据、含水层水文参数和地下井日志等多源信息，对埃及 Moghra 沿海含水层展开研究，精准揭示了海水入侵前锋的动态变化，并合理划分出优化开采区域。Das 等(2025)通过分析锶同位素($^{87}Sr/^{86}Sr$)和稳定同位素比率($\delta^{18}O$ 和 δD)，探究孟加拉湾与恒河三角洲沿海含水层的相互作用，发现海水与地下水的混合显著改变了地下水的化学组成。

表 1.1-1　地下微咸水探测方法

分类	探测方法	原理	应用	优点	缺点
传统调查检测方法	分层取样,室内测定TDS	分层采地下水样,在实验室用重量法、滴定法测TDS	—	结果准确,能反映水样化学组成	大范围开展成本高、工期长。采样耗人力、物力和时间,室内分析需专业设备与人员,耗时且成本高
地球物理方法	电阻率法(Swartz,1937)	微咸水与淡水电阻率不同,咸水离子浓度高、电阻率低。通过探测不同深度电阻率,推断咸淡水界线	咸淡水判别、分布区域圈定	操作简便,成本较低,能快速获取大范围地下信息	受地质条件影响大,地质结构复杂时易误判
	高密度电阻率法(修源等,2016)	地面布置多电极,用不同排列方式测量,获取地下电阻率断面图像,依电阻率变化特点推断地质结构和咸淡水分布	含水层探测、咸淡水分界	一次布极可多方式测量,获取信息丰富,成像质量、分辨率高	对地形要求高,地形起伏大时,数据处理解释难,高阻屏蔽区域效果差
	EH4法(苏永军等,2014)	以天然电磁场为场源,探测不同频率电磁场响应,反演地下电阻率分布,探测深部地层信息	与高密度电阻率法结合,识别海(咸)水入侵界线	无须人工建场源,探测深度大,能快速获取深部地质信息	仪器昂贵,数据处理解释复杂,对操作人员要求高
	人工井液电阻率法(王海军,2017;王海军和马良,2019)	向钻孔注入特定电阻率井液,探测井液电阻率变化及与地层的相互作用,结合抽水试验和地质条件,确定含水层参数,推断咸淡水分布	确定含水层渗透性、富水性	能综合多种信息详细分析含水层,确定咸淡水分布关键参数准确性高	操作复杂,需抽水试验,对现场条件要求高,成本较高
新兴技术与方法	遥感技术(Markogianni et al.,2014)	不同水质水体对电磁波反射、吸收、散射特性不同,通过卫星或航空平台获取电磁波信息,经图像处理分析,提取微咸水特征,推断其分布范围	大面积微咸水分布调查	能快速获取大面积信息,可宏观、动态监测,成本相对低	受大气、云层干扰,对深层微咸水探测能力有限,信息准确性和分辨率有待提高
	同位素技术(杨培岭等,2020)	微咸水与淡水在同位素组成上可能存在差异,通过分析地下水中的同位素含量和比值,追溯地下水的来源、运动路径,判断是否存在咸淡水混合等情况	研究地下水补给来源、确定咸淡水混合比例	能提供地下水起源和演化信息,对揭示微咸水形成机制具有优势	分析测试成本高,需专业设备和人员,数据解释需结合其他地质和水文地质信息

国内对地下微咸水的调查评价主要集中在特定区域的水化学特征、成因分析,以及分布规律等方面。邹长江等(2024)通过采集443组样本,运用数理统计、水化学分析和反向水文地球模拟等方法,明晰了新疆阿克苏河流域咸水的分布范围、离子来源及形成机制。常新月等(2024)研究山东北部泥质海岸带,发现内陆咸水源于淡水与卤水混合,滨海咸水则由淡水与海水混合而成,且水岩相互作用等显著改变了卤水化学组成。

1.1.2 地下微咸水资源利用

以色列、埃及、印度尼西亚、意大利、美国和奥地利等国使用微咸水已有较长时间,所使用的技术也比较完善(Srinivasan和Reddy,2009;李胜,2022;刘聪丽等,2025)。在利用方面,他们主要关注微咸水在农业灌溉、工业生产及生态环境中的应用。美国西南部主要利用矿化度为2.5~4.8 g/L的微咸水浇灌棉花、玉米和小麦等农产品,其中棉花产量甚至超过淡水灌溉的棉花产量(Gomaa et al.,2015;徐祖霖,2021)。Lee等(1993)在澳大利亚使用矿化度约为3.5 g/L的微咸水浇灌苹果树和葡萄,发现相对于淡水灌溉,微咸水浇灌可增加产量。Widiasa和Yoshi(2016)使用海水淡化系统,将苦咸水进行淡化,并通过净现值和内部收益率的经济效益证明技术可行。Gaydon等(2021)评估了孟加拉国水稻增产的方法,分析得到部分农作物能在一定含盐浓度的农业排水中保持良好的生长态势甚至增产的结论,所以微咸水可以被用于选定农作物的灌溉。Abdelraheem等(2019)通过对比试验,得出在良好的土壤环境条件下,使用咸水及微咸水并不会降低作物产量的结论。Garg等(2022)在印度砂壤土上进行了4年的马铃薯灌溉试验,结果表明,与淡水灌溉相比,咸水滴灌下的马铃薯块茎总产量显著降低,但可采用施80%的氮磷钾肥来降低栽培成本和环境污染,减少块茎产量损失。

我国宁夏、河北、内蒙古、甘肃、河南、山东、辽宁、新疆等省区都有不同程度的微咸水利用(魏海霞等,2013)。周金龙等(2013)开展了塔里木盆地2~7 g/L中盐度地下水棉花膜下滴灌技术的开发与示范研究。杨树青等(2017)开展了内蒙古河套灌区微咸水利用模式的研究及水土环境预测评估。王博欣等(2023)开展了河北省邯郸市非常规水(微咸水)的综合利用研究。河北省馆陶县大规模超采浅层地下淡水,导致水位下降严重,形成多个漏斗区,开发微咸水迫在眉睫,袁超国(2022)用GMS软件构建微咸水动力数值模型,经校验后预测了2020—2029年地下水位变化,剖析了微咸水位的时空演变规律。毕文平等(2024)研究了新疆南疆地区棉田微咸水膜下滴灌土壤水热盐二维运移规律及适宜灌溉制度,通过田间试验和HYDRUS-2D模型模拟,提出了微咸水灌溉下适宜的灌溉制度,为南疆地区水资源高效利用和土壤次生盐渍化防治提供了参考。彭永情等(2024)探讨了磁化微咸水对新疆南疆地区盐渍土壤水分入渗及盐分淋出特征的影响,发现磁化微咸水灌溉有利于降低土壤中盐分离子含量,提高土壤脱盐率。

1.1.3 我国微咸水资源利用的相关政策

1)《水利部 国家发展改革委 财政部关于推进用水权改革的指导意见》(水资管〔2022〕333号)

(十一)创新水权交易措施。鼓励地方将用水权交易作为生态产品价值实现、生态保护补偿的重要手段,完善水权交易机制。鼓励社会资本通过参与节水供水工程建设运营,转让节约的水权获得合理收益。鼓励将通过合同节水管理取得的节水量纳入用水权交易。因地制宜推进集蓄雨水、再生水、微咸水、矿坑水、淡化海水等非常规水资源交易,以及利用非常规水源置换的用水权交易。加强与金融机构沟通协调,协同研究探索通过用水权质押、抵押、担保等方式,为水资源节约保护和开发利用等提供融资支持。

2)《国家发展改革委等部门关于进一步加强水资源节约集约利用的意见》(发改环资〔2023〕1193号)

(十八)推动海水、矿井水、雨水等非常规水源利用。沿海缺水地区、海岛要将海水淡化水作为生活补充水源、市政新增供水及重要应急备用水源,工业园区、高耗水产业充分配置海水淡化水。统筹规划建设海水淡化工程,探索推动海水淡化水进入市政供水管网。鼓励海水作为火力发电、钢铁等行业的直接冷却水。推进煤炭绿色开采、保水开采,做好地下水保护,减少矿井水疏干水量。矿区生产优先利用矿井水,将满足标准的矿井水用于周边工业生产、国土绿化、生活杂用、生态补水,统筹建设处理回用设施和管网。缺水地区探索实施煤炭生产矿井水配额制。西北干旱地区,采取适用的淡化技术,分区分类利用微咸水。结合土壤盐渍化防治,鼓励微咸水采用直接利用、咸淡混用和咸淡轮用等方式用于国土绿化和农业灌溉。缺水地区鼓励配套建设雨水收集利用设施。将海绵城市建设理念融入相关规划,提升雨水集蓄利用能力。农村地区结合地形集蓄雨水,用于农业灌溉、牲畜用水等。

3)《节约用水条例》(中华人民共和国国务院令第776号)

第三十四条 县级以上地方人民政府应当根据水资源状况,将再生水、集蓄雨水、海水及海水淡化水、矿坑(井)水、微咸水等非常规水纳入水资源统一配置。水资源短缺地区县级以上地方人民政府应当制定非常规水利用计划,提高非常规水利用比例,对具备使用非常规水条件但未合理使用的建设项目,不得批准其新增取水许可。

1.1.4 综合分析与展望

1)综合分析

国内外地下微咸水调查探测技术多样,各有优缺点。传统分层取样检测精准,但成本高、效率低;地球物理方法虽能快速探测大面积区域,却受地质条件制约;新兴的遥感技术易受大气干扰,同位素技术则分析成本高昂。在利用技术上,农业灌溉与工业流程应用虽有进展,但微咸水灌溉对土壤、作物的长期影响,以及工业利用中的设备腐蚀等问题,仍待解决。微咸水开发利用利弊兼具:合理利用,可缓解干旱、半干旱地区水资源短缺,保障农业生产;但如果利用不当,如过度开采或不合理灌溉,会引发地下水位下降、土壤盐碱化等地质与生态问题。当前,地下微咸水开发成本高,地下微咸水淡化等利用方式前期投入与运行成本巨大,阻碍了其大规模推广。此外,政策法规有待进一步完善,在一定程度上还缺乏对开采、利用地下微咸水的有效管理。

2)展望

借助人工智能、大数据等技术,整合多源探测数据,提高对地下微咸水分布与水质预测的精准度。同时,研发新型淡化技术,探索更多应用领域。开展水文地质、土壤学、生态学等多学科交叉研究,明晰地下微咸水与土壤、作物、生态环境的相互作用关系,制定科学合理的利用方案。健全管理体系,明确部门职责,加强监管。政府出台财政补贴、税收减免等优惠政策,推动微咸水产业发展。分享各国成功经验与技术成果,携手应对全球水资源短缺问题,促进地下微咸水的可持续利用。

1.2 且末县概况

且末县隶属新疆维吾尔自治区(简称"新疆")巴音郭楞蒙古自治州(简称"巴州")。且末县下辖6镇、7乡、1场:且末镇、奥依亚依拉克镇、塔提让镇、阿热勒镇、阿羌镇、塔中镇,琼库勒乡、托格拉克勒克乡、巴格艾日克乡、英吾斯塘乡、阿克提坎墩乡、阔什萨特玛乡、库拉木勒克乡、良种场(恰瓦勒墩开发区)。县域内驻有新疆生产建设兵团第二师37团(简称"37团")和新疆生产建设兵团第二师38团(简称"38团")。且末县绿洲区主要分布于车尔臣河流域。

据巴州水利水电勘测设计院2014年编写的《且末县盐碱地改良排水工程可行性研究报告》,且末县土壤中非盐化、轻盐化、中盐化、重盐化和盐土的面积分别为9.60×10^4亩(1亩≈$666.67 m^2$)、7.19×10^4亩、7.59×10^4亩、4.57×10^4亩、3.97×10^4亩,占比分别为29.2%、21.8%、23.1%、13.9%、12.0%(表1.2-1),通过改良可以开发利用的轻盐化、中盐化、重盐化土壤面积累计占58.8%。

表1.2-1 且末县土壤盐渍化统计表(2014)

乡镇名称	非盐化		轻盐化		中盐化		重盐化		盐土		小计	
	面积	占比	面积	占比	面积	占比	面积	占比	面积	占比	面积	占比
英吾斯塘乡	2.40	80.0	0.10	3.3	0.25	8.4	0.10	3.3	0.15	5.0	3.00	100.0
巴格艾日克乡	0.74	27.0	0.30	11.0	0.42	15.3	0.88	32.1	0.40	14.6	2.74	100.0
第一分水枢纽合计	3.14	54.7	0.40	6.9	0.67	11.7	0.98	17.1	0.55	9.6	5.74	100.0
阿克提坎墩乡	1.58	51.3	0.40	13.0	0.40	13.0	0.36	11.7	0.34	11.0	3.08	100.0
塔提让镇	2.95	74.7	0.29	7.3	0.28	7.1	0.43	10.9	—	—	3.95	100.0
良种场-(恰瓦勒墩开发区)	1.90	20.0	2.55	26.9	2.12	22.3	1.39	14.6	1.54	16.2	9.50	100.0
阿羌镇萨瓦尔墩开发区	0.00	0.0	3.55	33.4	4.12	38.8	1.41	13.3	1.54	14.5	10.62	100.0
第二分水枢纽合计	6.43	23.7	6.79	25.0	6.92	25.5	3.59	13.2	3.42	12.6	27.15	100.0
总计	9.60	29.2	7.19	21.8	7.59	23.1	4.57	13.9	3.97	12.0	32.92	100.0

注:面积单位为10^4亩,占比单位为%。

且末县地处欧亚大陆中部,是新疆最边远、艰苦县之一,属暖温带极端干旱荒漠气候,具有典型的大陆性气候特征,气候极端干旱,降水极少,蒸发强烈。根据《关于实行最严格水资源管理制度落实"三条红线"控制指标的通知》《巴州用水总量控制方案》及《且末县用水总量控制方案》,且末县 2024 年用水指标总量为 $33\,178\times10^4\,m^3$,其中地表水用水指标为 $28\,270\times10^4\,m^3$,地下水用水指标为 $4908\times10^4\,m^3$。随着经济社会的快速发展、人口的增加和生态环境保护力度的加大,用水需求不断增长,缺水问题日益突出,水资源短缺已成为制约且末县可持续发展的重要因素。

1.3 且末县地下微咸水资源利用的必要性

新疆是农业大区,农业灌溉用水需求量大,而由于淡水资源的紧缺,限制了农业的快速发展。因此,开发新的水资源已经成为可持续发展战略中的重要任务。其中,关于微咸水(TDS 为 $2\sim5\,g/L$)资源的合理开发利用,人们进行了不断的探索研究,且颇有成效。微咸水的开发利用大大缓解了农业灌溉用水短缺的压力,利用微咸水进行灌溉是应对水资源短缺的重要措施之一。

2023 年 6 月新疆维吾尔自治区水利厅下发的《关于开展微咸水现状调查评价与潜力分析的通知》要求,为科学合理开发利用水资源,进一步促进微咸水安全、可持续高效利用,亟待查明且末县绿洲区地下微咸水的分布区域、开发利用现状和开发利用潜力。因此,研究且末县地下微咸水资源开发利用方案,可进一步促进地下微咸水精准高效的利用,减少水资源的浪费,提高灌溉水的产出效益,实现农业生产高产、高效、优质,保障农业的持续稳定发展和有效保护生态环境,具体如下。

(1)是解决部分灌区农业用水矛盾的主要措施。且末县目前农业灌溉用水绝大部分是地表水,地表水灌溉受季节和来水量时空分布不均的限制,在农业用水高峰期,河道来水量少,造成农业用水矛盾。地下微咸水不仅能够直接用于高新节水灌溉技术,而且不受时间限制,可以大大提高灌溉保证率,从而有效解决农业用水总量不足的问题。

(2)是提高粮食产量、增加农民收入的重要保障。且末县是一个多民族聚居的地区,社会经济基础相对薄弱,地下微咸水资源开发利用工程的建设实施,可在一定程度上改善当地农业生产的基础条件。合理开发地下微咸水,充分发挥井灌效益,实行井渠结合,合理调整经济作物的比例,提高水资源综合利用效益,提高作物的单产和水分生产率,有助于增加农民收入,提高灌区各族人民的经济收入,为社会主义新农村建设奠定坚实的基础。

(3)是促进发展高新节水技术的需求。研究区(附图1)土壤质地较粗,采用常规灌溉,势必造成水资源的大量浪费,通过工程实施,有利于发展节水农业,采用高新节水灌溉工程,可适时适量进行灌溉,提高水的利用率,减少水资源的浪费,提高灌溉水的产出效益,进而实现农业生产的高产、高效、优质,保障农业的持续稳定发展。

(4)是综合治理北三乡盐碱耕地的有效工程措施。且末县北三乡盐碱耕地分布面积较大,通过科学、合理地开发利用地下微咸水资源,实施以井灌为主、渠灌为辅的高效水资源利用模式,可以有效控制北三乡灌区的地下水位埋深,为综合治理北三乡盐碱耕地问题、适度扩大且末县耕地面积奠定坚实的基础。

(5)是研究区人民致富奔小康、维护社会稳定的要求。且末县农民经济收入主要依靠农业,实施地下微咸水开发利用方案,可提高灌溉保证率,进而提高农作物复播指数和土地产出率,也有助于人民群众脱贫致富,提高生活水平和文化水平,从而进一步推动精神文明和物质文明建设,为构建和谐社会打下坚实的基础。

1.4 且末县地下微咸水资源利用的可行性

1)新疆维吾尔自治区人民政府已完成多项改革任务,稳步推进改革试点

2023年新疆在社会稳定、经济发展、民生改善等重点领域部署推进的多项改革任务已全面完成,多项改革试点稳步推进,改革取得积极成效,其中包括创新水资源管理体制机制,组建新疆党委水资源管理委员会,强化流域综合规划、防洪调度、水资源配置,构建起全疆统一的水资源管理体系。喀什地区探索推进地下苦咸微咸水利用改革试点,提高了灌溉水利用系数,后续将推进其他地区苦咸微咸水利用改革试点建设。

2)巴州党委水资源管理委员会办公室下发《关于2024年自治州实行最严格水资源管理制度重点工作的提示》

2024年1月30日,巴州党委水资源管理委员会办公室下发的《关于2024年自治州实行最严格水资源管理制度重点工作的提示》要求积极鼓励使用非常规水资源。在加大常规中水利用的同时,各县市应利用好地下微咸水政策,在综合考虑地下水位变化的基础上,用足用好地下微咸水资源。

3)微咸水资源相对充足,满足开采的要求

据2023年8月630眼机井地下水TDS检测数据,且末县绿洲区地下微咸水分布区面积为585.31 km^2(附图2),占取样点控制面积1 646.14 km^{2}的35.56%(表1.4-1)。据新疆水利水电勘测设计研究院2023年5月编制的《新疆车尔臣河流域地下水资源调查评价报告》,且末县车尔臣河流域TDS>2 g/L的地下水补给量为10 278.70×10^4 m^3,按表1.4-1微咸水(2~5 g/L)面积占TDS>2 g/L地下水面积的99.85%计算,微咸水开采系数取0.60,且末县车尔臣河流域地下微咸水资源可利用量为6 157.97×10^4 m^3。且末县2020—2023年多年平均地下水开采量为5 325.24×10^4 m^3,按照2023年8月且末县地下水TDS分区面积,淡水和微咸水分布区面积分别占比64.42%和35.58%,按淡水和微咸水分布区面积占比折算,在5 325.24×10^4 m^3(2020—2023年平均值)的地下水开采量中,淡水和微咸水开采量分别为3 430.52×10^4 m^{3}和1 894.72×10^4 m^3。依据上述数据,近期2028年开采系数取0.4,微咸水资源可利用量按4 111.48×10^4 m^{3}进行控制,远期2035年开采系数取0.60,地下微咸水资源可利用量为6 157.97×10^4 m^3。地下微咸水适宜开采区面积较大,利用潜力较大,可满足开采要求。

表 1.4-1　2023 年 8 月且末县绿洲区地下水 TDS 分区面积与占比

TDS/(g·L^{-1})	面积/km²	占比/%
0~1	565.01	34.32
1~2	494.96	30.07
2~3	555.04	33.72
3~5	30.27	1.84
5~7	0.47	0.03
7~10	0.39	0.02
合计	1 646.14	100

4)可降低盐碱地区域的地下水位,减轻农田次生盐渍化,改良土壤,改善农业生产环境

据新疆农业大学地下水资源研究团队 2024 年 3 月取得的且末县绿洲区高水位期地下水位统测(62 眼井)资料,在地下水位统测井控制的 2 526.80 km² 区域内,地下水位埋深≤3m 的区域面积为 1 125.76 km²(占 44.55%),且末县绿洲区土壤盐渍化的潜在风险较大。

另据巴州水利水电勘测设计院 2014 年的《且末县盐碱地改良排水工程可行性研究报告》,且末县通过改良可以开发利用的轻盐化、中盐化、重盐化土壤累计面积占 58.8%(表 1.2-1)。

对农业灌溉来说,合理适度地开采浅层微咸水不但可以补充农业灌溉,还可降低盐碱地区域的地下水位,减轻农田次生盐渍化的发生,进而改良土壤、改善农业生产环境。同时,采用微咸水压盐压碱,可减少淡水资源的消耗,提高水资源利用率。

5)研究区供电、交通等基础设施齐全,便于项目实施

本次研究区选择在地下水开采条件较好、交通便利、电力供应有保证的区域,基础条件较好,有利于项目的顺利实施。

6)项目实施效益可观,经济上可行

本次项目的实施,可缓解地表水及地下水年内分配不均所导致的非充分灌溉问题,提高灌溉保证率,增加作物产量,进而提高农民收入。

1.5　研究目的与任务

通过对且末县车尔臣河流域绿洲区水文地质条件的研究,在对现状地下微咸水资源调查评价与潜力分析的基础上,对区内地下微咸水的资源量进行计算评价,划分出地下微咸水资源的不同开采区,为制定地下微咸水资源开发利用方案提供科学依据,具体任务如下。

(1)收集前人相关的成果、资料,尤其是近几年内完成的关于地下水、水资源开发利用等方面的资料。在这些资料的基础上,收集研究区的水利工程现状、土地开发利用现状资料。

(2)对区内进行1:10万水文地质测绘调查、试验等工作,调查收集地下水开发利用现状资料,初步查明区内地形地貌、地质构造、地层岩性、第四纪沉积物的分布规律,地下水含水层的空间分布特征,地下水的赋存规律,含水层的富水特性,地下水补给、径流、排泄条件,地下水动态变化特征。

(3)在已有机井中分别取水样进行水质分析,初步查明区内地下水TDS分布特征,并将全部研究区进行TDS分区,圈定微咸水分布区域。

(4)在分析且末县已有地下水监测井长系列地下水位变化数据的基础上,通过表格、曲线图和数据对比,分析县域内各监测井近年地下水位变化情况。

(5)对绿洲区现状地下微咸水可开采潜力进行分析,分析各行政单位的地下微咸水现状开采量及利用潜力。

1.6 研究工作的技术依据

(1)《全国水资源保护规划技术大纲》(地下水资源保护部分),水利部水利水电规划设计总院,2012年7月。

(2)《新疆水资源保护规划工作大纲》,新疆维吾尔自治区水文水资源局,2012年11月。

(3)《新疆地下水资源开发利用规划工作技术细则》,新疆维吾尔自治区水利厅,2001年12月。

(4)《新疆地下水资源利用与保护规划》,新疆农业大学、新疆维吾尔自治区水文水资源局,2012年6月。

(5)《新疆维吾尔自治区地下水资源管理条例》,新疆维吾尔自治区人大常委会,2017年5月27日修订。

(6)《地下水资源勘察规范》(SL 454—2010)。

(7)《水资源评价导则》(SL/T 238—1999)。

(8)《地下水资源量及可开采量补充细则(试行)》,水利部,2002年10月。

(9)《地下水超采区评价导则》(GB/T 34968—2017)。

(10)《全国地下水超采区评价技术工作大纲》,水利部,2012年7月。

(11)《地下水功能区划分技术大纲》,水利部,2005年8月。

(12)《水电工程地质勘察水质分析规程》(NB/T 35052—2015)。

(13)《地下水质量标准》(GB/T 14848—2017)。

(14)《农田灌溉水质标准》(GB 5084—2021)。

(15)《水资源规划规范》(GB/T 51051—2014)。

(16)《关于开展微咸水现状调查评价与潜力分析的通知》,新疆维吾尔自治区水利厅,2023年6月。

1.7 研究区水文地质研究程度

研究区内水文地质前人主要研究成果如下。

(1)2009年2月新疆宏昌水利规划设计有限公司完成的《新疆且末县地下水资源开发利用规划报告》。

(2)2014年11月巴州水利水电勘测设计院完成的《且末县盐碱地改良排水工程可行性研究报告》。

(3)2018年9月新疆绿疆源生态工程有限责任公司完成的《若羌县—且末县水文地质环境地质勘查地表水资源评价报告》(简称"地表水资源评价报告")。

(4)2019年3月新疆维吾尔自治区自然资源厅完成的《新疆车尔臣河中下游(且末县)1∶10万水文地质环境地质调查报告》。

(5)2023年5月新疆水利水电勘测设计研究院完成的《新疆车尔臣河流域地下水资源调查评价报告》。

以上成果资料是本次工作的基础资料。

1.8 工作概况及工作量

在充分收集区内水利工程现状,以及水文、气象、土壤、社会经济和水资源开发利用等资料的基础上,进行了野外水文地质调查、水质全分析与TDS检测等工作,完成了且末县地下水开发利用现状调查,查明了水文地质条件,进行了地下微咸水水资源量调查与评价等工作。

(1)2023年6月新疆农业大学地下水资源研究团队完成且末县绿洲区补充水文地质调查(地下水位统测、地表水与地下水水质全分析)。

2023年6月新疆农业大学地下水资源研究团队采集且末县绿洲区地表水/地下水水样24组,其中承压水16组、潜水4组、地表水4组。所采集的地下水和地表水全部用于饮用或灌溉,水样采集和分析严格按照《地下水环境监测技术规范》(HJ 164—2020)执行。在现场进行取样时,先用所取水样润洗取样瓶3次,然后用直径25 mm的0.22 μm或0.45 μm醋酸纤维滤头过滤后密封,最后在4℃环境冷藏保存并送检。

用多参数分析仪(HANNA,HI9828)现场测定水温、氧化还原电位(Eh)、pH值、电导率(EC)等指标。硼含量测试由新疆维吾尔自治区有色地质勘查局测试中心完成,其他水化学指标的测试由新疆维吾尔自治区地质矿产勘查开发局(简称"新疆地矿局")第二水文工程地质大队化验室完成。K^+和Na^+含量采用火焰原子吸收分光光度法测定;Ca^{2+}、Mg^{2+}含量采用乙二胺四乙酸二钠滴定法测定;HCO_3^-、CO_3^{2-}含量采用酸碱滴定法测定;TDS、Cl^-、SO_4^{2-}

含量分别采用105℃干燥重量法、硝酸银容量法和硫酸钡比浊法测定；NO_3^-含量（以N计）采用紫外分光光度计UV 2550测定，检出限为0.20 mg/L；Fe和Mn含量采用电感耦合等离子体发射光谱仪iCAP 6300测定，检出限分别为0.01 mg/L和0.001 mg/L；B含量采用电感耦合等离子体质谱仪测定，检出限为1.41 μg/L。

野外取样时，采集现场空白样、空白加标样和平行样来进行采样可靠性评估。数据可靠性采用阴阳离子平衡检查（电中性原则）法计算。经计算，所有样品离子的电荷平衡误差E在±5%范围内，分析测试结果可靠。

(2) 且末县水利综合服务中心委托新疆地矿局第三地质大队于2023年8月5—14日对且末县绿洲区630眼机井的TDS进行了检测（附图3）。

(3) 2024年1—2月新疆农业大学地下水资源研究团队系统收集了研究区气象、水文、灌区引水、地下水开采等相关资料，以及前人已完成的地下水方面的技术报告。

(4) 2024年3月新疆农业大学地下水资源研究团队完成62眼机井地下水位统测与地下水水质检测（现场检测＋全分析＋B＋氢氧稳定同位素）和5组地表水水质检测（现场检测＋全分析＋B＋氢氧稳定同位素）（附图4）。

2 自然地理与地质条件

2.1 研究区自然地理及交通状况

且末县位于中纬度地带的欧亚大陆腹地,远离海洋。地处东昆仑山、阿尔金山北麓,塔里木盆地东南缘,东邻若羌县,西连和田地区民丰县,南临阿尔金山、东昆仑山与西藏自治区交界,北部深入塔克拉玛干大沙漠,与尉犁县相望,西北部邻阿克苏地区沙雅县。

全县行政区域面积 13.86×10^4 km²,东西长 320 km,南北宽 460 km,介于东经 83°25′—87°30′、北纬 35°40′—40°10′之间。且末县绿洲区的母亲河——车尔臣河穿境而过,在且末县范围内长度达 622.1 km。且末县地处巴州的南大门,基础设施日益完善,已形成了铁路、公路、航空齐备的立体交通运输网络。且末县城距自治区首府乌鲁木齐市约 1240 km,距自治州首府库尔勒市约 667 km。且末县交通位置示意图详见附图 5。

2.2 气象与水文

2.2.1 气象

且末县南部有青藏高原、昆仑山及阿尔金山横卧,暖湿空气不易流入,北面有天山阻隔,水汽来源很少,仅有干冷空气从东北方袭来,并受浩瀚的沙漠影响,呈温带极度干旱大陆性荒漠气候。基本气候特征:光照充足,热量丰沛,气温年、日较差均大,冬冷夏热,降水极少,蒸发量大。且末县多年平均气温为 10.9℃、年降水量为 23.8 mm、年蒸发量(E601)为 1 526.2 mm(表 2.2-1)。

2.2.2 河流与洪沟

研究区地表水河水和暂时性洪水,均发源于南部的阿尔金山和昆仑山。研究区内河流和洪沟共有 8 条,多年平均径流量为 94 085.27×10⁴ m³/a,其中,径流量大于 10⁸ m³/a 的河流仅有车尔臣河,其余河流和洪沟径流量均小于 1000×10⁴ m³/a(表 2.2-2)。且末县河流水系分布见附图 6。

表 2.2-1　且末县气象站主要气象要素统计表

气象要素		单位	数据
年平均气温		℃	10.9
1月平均气温		℃	−8.7
7月平均气温		℃	24.8
极端最高气温		℃	41.6
极端最低气温		℃	−27.3
气温平均日较差		℃	30.5
≥10℃	积温	℃	3 851.9
	天数	d	192
	起止日期	日/月	7/4—13/10
无霜期	平均天数	d	193
	初终日期	日/月	1/10—19/4
年降水量		mm	23.8
年蒸发量(E601)		mm	1 526.2
年日照小时		h	2 700.7
日照百分率		%	66
最大风速		m/s	19
沙暴天气		d	13.2
浮尘天气		d	193.7
最大冻土深		cm	62

表 2.2-2　研究区主要河流和洪沟一览表

名称	断面位置		断面以上河长/km	断面以下河长/km	集水面积/km²	年径流量/10⁴ m³	径流系数	动态特征
	东经	北纬						
塔特勒克苏沟	86°20′08″	37°53′46″	21.8	20	115.1	203.80	0.10	季节性有水
哈迪勒克萨依	86°09′16″	37°47′29″	38	30	430.7	668.88	0.07	常年性有水
木纳尔布拉克艾肯	85°59′15″	37°40′44″	9.2	12	171.7	136.22	0.05	季节性有水
车尔臣河	85°52′05″	37°30′14″	30.4	20	25 279	92 154.80	0.21	常年性有水
库拉木勒克萨依	85°45′08″	37°24′32″	150	370	48	85.71	0.05	常年性有水
阿克亚艾肯	85°40′35″	37°23′49″	9	37	44.6	75.68	0.04	常年性有水
依散干萨依	85°34′36″	37°2031″	11	80	172.9	479.01	0.06	季节性有水
阿羌萨依	85°26′57″	37°21′03″	16.6	10	112.6	281.17	0.05	常年性有水
合计						94 085.27		

2.3 地形与地貌

2.3.1 地形

且末县海拔 925~4700 m,南部为昆仑山—阿尔金山北麓,北部为塔克拉玛干沙漠,总体地势为南高北低、西高东低,向东北倾斜,地形坡降由南向北逐渐变缓。

南部昆仑山—阿尔金山北麓,是区内最高海拔的山丘,也是车尔臣河等诸河流的发源地,最高峰 4700 m,位于塔特勒克苏沟南部。山区河流落差大、流速急,流水的侵蚀作用强烈,常形成数百米的峡谷,山体被切割得支离破碎,边坡陡峻,沟谷幽深,表现出典型的"V"字形峡谷特征。

中部平原区由南向北依次为山前倾斜平原和车尔臣河冲洪积平原,两者沿车尔臣河河道呈过渡连接,整个平原区地形开阔、平坦,海拔多为 1170~2200 m。山前倾斜平原宽 10~15 km,开阔,平坦,略呈扇形,冲沟发育,地形坡度 15‰~35‰;车尔臣河冲洪积平原位于车尔臣河中游,沿车尔臣河河道两侧展布,该区为且末县主要的绿洲经济种植区,宽 10 km 左右,地形坡度 6‰~10‰。

沙漠区在整个区域内大面积分布,海拔多在 930~1500 m 之间,目前整个车尔臣河绿洲区已被塔克拉玛干沙漠环绕。

2.3.2 地貌

根据区域成因和形态特征,可将且末县地貌类型分为构造侵蚀剥蚀地貌、侵蚀重力堆积地貌、以堆积为主的地貌、微地貌。构造侵蚀剥蚀地貌又可分为构造侵蚀高山区、构造侵蚀中山区和构造剥蚀低山丘陵区 3 种亚类;侵蚀重力堆积地貌可分为侵蚀风蚀作用、冲洪积-风积作用、风积作用地貌 3 种亚类;以堆积为主的地貌可分为洪积作用、冲洪积地貌;微地貌主要为山间洼地、冲沟、洪积扇、冲积锥、盐碱地和沼泽。

2.4 区域地质概况

且末县在区域上属于塔里木-华北板块南缘与华南板块北部边缘接合地带,是一个多旋回复合造山带。

2.4.1 地层

区域内地层自古元古界至新生界基本均有出露。南部阿尔金山及其山前低山、丘陵地区出露小面积前第四系,主要由古元古界滹沱系阿尔金岩群,中元古界长城系巴什库尔干岩群、蓟县系塔昔达坂群金雁山组，中生界二叠系、侏罗系、白垩系，新生界古近系、新近系组成，阿尔金山以北地区出露大面积的第四系（附图7）。

2.4.2 地质构造

构造单元：且末县地处青藏高原北缘，塔里木板块的东南部，塔里木板块与青海-西藏板块交接部位，是一个经历过多期复杂地质演化历史，由不同构造层次、不同时期和形成于不同构造环境地质体组成的复合造山带。且末县位于塔里木板块一级构造单元。该一级构造单元可划分为塔里木古陆（III_2）、塔里木南缘构造带（III_3）两个二级大地构造单元，跨塔里木地块（III_{2-6}）、阿尔金断块（III_{2-8}）、昆仑山早古生代岩浆弧（III_{3-2}）、祁漫塔格-柴达木南缘古生代边缘海盆（III_{3-3}）4个三级构造单元，主要包括北民丰-罗布庄凸起、且末-若羌凹陷两个四级构造单元。

断裂构造：区内地处造山带复合部位，构造运动较强烈。由以阿尔金山两侧断裂为主体向两端伸展的一系列北东—北东东走向的压扭性断裂组成。具体包括以下断裂：F1车尔臣河断裂、F2矛头山断裂、F3坑抵-课帕断裂、F4阿尔金山北缘断裂、F5阿尔金山南缘断裂、F6且末平移断裂、F7车尔臣河平移断裂（附图8）。

2.4.3 第四纪地质

且末县绿洲区出露的地层均为第四系沉积物。第四纪地层从南端阿尔金北缘断裂往北阶梯式沉降的山前冲洪积砾质平原到北部冲积细土平原，沉积相变化为洪积—冲洪积—冲积-沼泽沉积—湖泊沉积—化学沉积及风积，沉积具有明显的水平分带规律，沉积物颗粒由粗变细，岩性结构由单一卵砾石、砂砾石层过渡为砂与黏土、亚黏土互层的多层结构，呈现出分带变化，且沉积物厚度由厚逐渐变薄。根据物探解译成果，第四系覆盖层厚度为中部厚，南、北部分薄，东、西两翼也较薄，南部山前平原基底基岩面起伏形态为一个阶梯型下降的大洼地，北面则是逐步隆起的构造，局部有断裂凹陷和小隆起。第四系沉积物南北向基底标高总体为92～1780 m，下伏地层为古近系—新近系泥岩、砂质泥岩。阿尔金山前至城南水厂之间属山前冲积-洪积平原区，此段基底为一大型阶梯状洼地，沉积了巨厚的第四系，厚度多在500～1450 m之间，岩性为卵砾石、砂砾石、砂及少量黏性土层。最大沉积厚度在库拉木勒克乡至城南水厂中间，呈漏斗状，推测第四系沉积厚度为1450 m，第四系基底标高从山前的1780 m降至库拉木勒乡附近的500 m左右，第四系沉积厚度最厚处标高为92 m，向北逐渐升高至城南水厂的200 m。城南水厂以北广大地区为车尔臣河河谷平原区，第四系主要由砂砾石、砂、粉土及黏性土层组成，第四系沉积厚度为200～500 m，标高为200～900 m。风成沙漠区地层岩性主要为中细砂、粉土及黏性土层，沉积厚度为220～350 m，标高为700～958 m。

 区域水文地质条件及水资源开发利用现状

且末县绿洲区含水层系统可以划分为单一结构潜水含水层和多层结构潜水承压水含水层两个亚系统;地下水水流系统可以划分为单一结构孔隙潜水水流系统、上部孔隙潜水水流系统和下部孔隙承压水水流系统3个水流系统。

3.1 地下水的形成

地下水的形成受气候、水文、岩石、地质结构构造等因素控制,与自然条件和储水空间紧密相关,下面按不同水文地质单元分述如下。

1)山区

气候:相对平原区,南部山区气候较湿润,降水量也有所增加。山区降水可达100~150 mm/a,而蒸发要比平原区小得多,因此大气降水对山区地下水的形成、补给是有意义的。另外,山区暴雨过后形成的季节性洪流,通过沟谷运移,对山前倾斜平原地下水的形成和补给具有普遍的意义。

水文:水文因素对地下水的形成至关重要,是地下水形成的基本因素。山区水文网均比较发育,在雨季形成洪流外泄,每年约有 966.44×10^4 m³ 的洪水泄入平原。除沿途沟谷内有少量洪水渗漏转化形成地下水外,大部分洪水渗入山前倾斜平原,成为区内平原地下水补给来源之一。

岩石、地质结构构造:除了必要的补给源外,补给途径和储水空间也是形成地下水必不可少的重要条件。山区地质构造复杂,经历了漫长地质时期的多次构造变动,各类岩石均发育不同程度的节理裂隙,经后期风化剥蚀,表层节理裂隙逐步扩张、相互贯通,同时有少量的碎屑物质充填,为大气降水直接渗入形成地下水提供了良好的通道和储水空间。大气降水沿这些节理裂隙下渗,当到达当地侵蚀基准面或受局部构造(如断层、褶皱、侵入岩等)的影响时,裂隙中的水分达到饱和,从而形成基岩裂隙水。山区地下水的形成还受地质构造的严格控制,尤其是阿尔金山北缘断裂山前主干断裂阻水断层,成为山前和平原区地下水的隔水边界,并形成相对孤立、自成体系的基岩裂隙水循环带。

综上所述,对山区而言,大气降水是地下水形成最主要的、最根本的因素,而岩石性质、地貌形态、节理裂隙发育程度是地下水形成的必经条件,地质构造是地下水形成的控制条件和储水空间。

2)平原区

气候:平原区地处欧亚大陆腹地,属典型的温带极度干旱大陆性荒漠气候。南部的青藏高原、昆仑山山脉阻止了潮湿气流的南下,北部为极为干旱的塔克拉玛干沙漠。因此区内干旱少雨,空气干燥、炎热,温差悬殊,蒸发强烈。据且末县气象站近年资料:多年平均降水量为23.8 mm,而多年平均蒸发量(E601)达1 526.2 mm,约为平均降水量的64.13倍。大气降水大部分消耗于蒸发,对区内上游地下水的形成、补给意义不大,仅对下游细土平原区有少量的补给。

水文:且末县境内发育有较大规模的两条常年性河流,即车尔臣河、塔什萨依。其余水系呈梳状泄于山前,在出山口不远的山前砾石带中渗漏消失。根据《地表水资源评价报告》,山前小河流域内水系年径流量最大可达 8.779×10^8 m³/a,最小者为 0.004×10^8 m³/a。地下水由南向北以潜流的形式汇集于车尔臣河。车尔臣河出山口后,从出山口至且末县城大量河水沿河道渗漏,根据《地表水资源评价报告》,渗漏率为 $(0.037 \sim 0.048) \times 10^8$ m³/km·a。河道的渗漏、渠道的渗漏及田间灌溉的入渗,成为地下水的主要补给来源。北部山前暴雨洪流对第四系进行入渗补给,形成了较丰富的第四系松散岩类孔隙水。缓倾斜细土平原含水层岩性以中细砂、粉砂为主,具多层结构,但隔水层不连续,潜水与承压水互相转化。

岩石、地质结构构造:区内地形平坦,广布的第四系松散堆积物透水、导水性良好,使地表水系、渠道在流动过程中有充分的时间和良好的通道下渗转化形成地下水,尤其是山前强倾斜砾质平原和冲洪积平原顶部,除部分地段地表被沙漠覆盖外,大部分为卵砾石裸露,孔隙发育,极利于地下水的下渗。广阔的细土平原地层颗粒相对变细,渗透性减小,但由于果园、农田广布,地表水体、灌溉机井众多,因此渠道、灌溉水回渗量并不少。此外,平原区处于山前凹陷,接受了大厚度的第四系松散堆积层沉积,这些松散堆积层为地下水提供了储水空间。从山前向平原下部,岩性、岩相结构的变化,使平原地下水形成第四系单一结构的潜水和隔水层不连续的多层结构承压水、潜水与承压水互相转化。

综上所述,对平原区而言,地下水形成的基本因素是水文因素,岩性结构、地貌形态、孔隙发育程度、水文网密集程度是地表水转化形成地下水的主要条件,而大厚度的第四系松散堆积物、良好的孔隙空间则是地下水的储水场所,地层结构、地质构造则起着控水作用。

3.2 地下水赋存

地下水的赋存与分布受多种因素的影响,现从区域储水介质及隔水层特征、地下水赋存分布规律两个方面进行详述(附图9)。

1)储水介质及隔水层特征

(1)基岩裂隙水。

区内地下水除受补给源的严格控制外,岩石裂隙节理发育程度、地质构造,尤其是断层的控水作用极为明显。因此,基岩裂隙水的富水程度极不均匀。地下水的富集带基本集中在断层破碎带、侵入岩体与围岩接触带之中。

变质岩系裂隙水:主要分布于南部山区。变质岩系主要由灰绿色深变质岩组成。岩石经历多次构造变动,节理裂隙发育,以北东东走向最发育,裂隙率为0.045%,彼此交叉沟通。近东西向断层及伴生的一系列羽状断层,使附近岩石进一步破碎,成为脉状水的富水带;而北东向平移断层又将上述断层错断,使地下水彼此沟通,形成统一的含水岩系。据前人研究成果,该类型地下水单泉流量小于0.1 L/s。

岩浆岩块状裂隙水:分布范围与岩体侵入范围相同,自然条件与变质岩系裂隙水相同,彼此水力联系紧密,含水岩系为单一的花岗岩、花岗闪长岩。表层风化裂隙发育,形成网状裂隙,裂隙均匀,大部分无次生充填物。据前人研究成果,该类型地下水单泉流量一般小于0.1 L/s。

(2)第四系松散岩类孔隙水。

阿尔金山山前由南向北呈现阶梯式沉降,覆盖层厚度中部厚、两端薄,形态为阶梯型下降的大洼地。沉积物颗粒由粗变细,岩性结构由单一卵砾石、砂砾石层过渡为砂与黏土、亚黏土互层的多层结构,沉积厚度由薄到厚再逐渐变薄。根据物探解译成果,车尔臣河出山口至城南水厂之间,沉积着厚500~1450 m的洼地,地层岩性为卵砾石、砂砾石、砂及少量黏土层,结构松散,颗粒粗大,孔隙发育,透水能力强,是良好的储水介质,最大沉积厚度在库拉木勒克乡至城南水厂中间。第四系基底为新近系上新统泥岩、砂岩。该区主要接受车尔臣河渗漏和山前暴雨洪水入渗补给,形成了单一结构松散岩类孔隙潜水区。

城南水厂以北以冲洪积细土平原为主,东西向第四系沉积也有一定的分布规律。岩石颗粒由西向东逐渐变细,地层岩性主要为第四系中、下更新统湖积及上更新统冲积粉土、砂层、砂砾石互层的多层结构。通过物探解译、工程钻探等工作可知,勘探深度内地层中分布两层粉质黏土层,半胶结,透水性差,在一定范围内连续稳定分布,构成相对隔水层,区域内一般在80.5~104.39 m深度段出现第一层相对隔水层,该层覆盖范围不大,平面上在恰瓦勒墩开发区一带(厚度多为7.35 m左右),沿古河道和现代河床分布;第二层多在162~181.5 m深度段出现,该层相对稳定,塔提让镇西东地段钻孔深度未揭露,该层平面上从区域的西部至塔提让镇均有分布。它们构成了该区上部孔隙潜水、下部孔隙承压水的多层结构松散岩类孔隙潜水—承压水系统。

上部松散岩类孔隙潜水含水层岩性以上更新统冲积中粗砂、中细砂、粉细砂、粉砂为主,由西向东含水层岩性由中细砂、粉细砂、粉砂变为粉土、粉砂、粉细砂,颗粒逐渐变细;含水层厚度为78.39~159.47 m。在研究区塔提让镇以西地段地层,受隆起影响,深部出现颗粒较粗的砂砾石层,结构松散,多为含砾粗砂—中砂,厚度30~60 m不等,孔隙发育,透水性相对较好,部分地段存在卵砾石,层厚度为9~15 m。含水层岩性为中更新统洪积砂砾石和含砾粗砂,厚度增大到40 m左右。

下部松散岩类孔隙承压水含水层岩性主要为中、下更新统湖积及上更新统冲积粉砂、粉细砂、中细砂、中砂,一般粉砂、粉细砂、中细砂、中砂厚度在0.4~27.5 m之间,含水层松散,无胶结。各含水层之间的隔水层岩性为粉土、粉质黏土,致密,轻微胶结,单层隔水层厚度为0.82~55.5 m,隔水层厚度在平面上变化趋势不明显,在垂向上呈现出从上向下逐渐增厚的趋势。松散岩类孔隙承压水主要接受上部潜水越流补给和侧向径流补给。

2)地下水赋存分布规律

(1)基岩裂隙水。

基岩裂隙水主要赋存于阿尔金山基岩节理裂隙中,受山前阻水断层严格控制,除西南部山区少量基岩裂隙水侧向流入平原转化为第四系松散岩类孔隙水外,基本是自成循环系统的含水岩系。其特点是地下水的赋存受补给源、岩石裂隙节理发育程度、地质构造综合控制,尤其是断层的控水作用极为明显。因此,地下水埋藏条件变化大,径流方向复杂多变,很难形成统一的地下水自由水面,水力特性多变。

(2)第四系松散岩类孔隙水。

单一结构松散岩类孔隙潜水:分布在城南水厂以南山前带,以及研究区西部和东部大部分区域。含水层岩性主要为砂砾石、卵砾石、砂。含水层由南向北呈中部厚、两端薄趋势,含水层厚度>200 m。地下水位埋深由北向南逐渐变浅。由于断裂的影响,该类地下水分布区形成了两处跌水构造:一处位于水泥厂和库拉木勒克乡之间,另一处位于库拉木勒克乡和城南水厂之间。

多层结构松散岩类孔隙潜水—承压水:在老城南水厂以北广泛分布。上部潜水含水层岩性为亚砂土、粉砂、粉细砂、中细砂等(局部为砂砾石),含水层厚度为3.2~25.17 m,整体呈现由南向北、由西向东不断增厚的趋势。富水性等级可分为强、较强、中等、弱4类,弱富水性潜水在研究区内分布较广,研究区南、北两侧及东部分布小范围富水性中等的潜水,研究区东部分布条带状富水性较强的潜水,东北部分布小范围富水性强的潜水。下部松散岩类孔隙承压水在200 m勘探深度内仅划分一层含水层,承压含水层主要分布在80.5 m以下。承压含水层顶板顶面埋深80.5~95.13 m,底板底面埋深87.86~104.39 m,单层厚度为0.85~8.93 m,含水层总厚度为34.8~103.88 m,其厚度在平面上变化趋势不明显。含水层岩性为卵砾石、粉砂、粉细砂、中砂,黄褐—土黄色,结构松散,无层理。隔水层厚度为2.6~9.26 m,且厚度呈现出由南向北、由西向东逐渐变薄的趋势,隔水层岩性以粉质黏土为主,有轻微胶结,密实。研究区下部孔隙承压水富水性等级可分为强、较强、中等、弱4类。总体富水性特征:整体上呈现由东向西逐渐减弱的趋势,局部分布一定范围的富水性中等的承压水。

3.3 含水层岩性及富水性特征

根据赋存条件和水力特征,且末县地下水可分为单一结构松散岩类孔隙潜水、多层结构松散岩类孔隙潜水—承压水两种类型。

松散岩类孔隙水富水性等级划分以换算单井涌水量为标准,当口径<325 mm时,按325 mm口径、5 m降深换算单井涌水量;当口径>325 mm时,按实际口径、5 m降深换算单井涌水量(表3.3-1)。现按不同地下水类型和富水性等级分别叙述如下。

表 3.3-1　地下水含水层富水性划分标准一览表

地下水类型	划分依据	水量极丰富	水量丰富	水量中等	水量贫乏	水量极贫乏
松散岩类孔隙水	单井涌水量/$(m^3 \cdot d^{-1})$	>5000	>3000~5000	>1000~3000	>500~1000	≤500

3.3.1　单一结构松散岩类孔隙潜水

单一结构松散岩类孔隙潜水分布于研究区南部，城南水厂以南和车尔臣河南岸的大部分区域。富水性自南向北呈弱—强—弱的趋势，换算单井涌水量依次为>500~1000 m³/d、>1000~3000 m³/d、>3000~5000 m³/d、>5000 m³/d。

(1) 水量极丰富（换算单井涌水量>5000 m³/d）：分布在研究区的中部，即城南水厂附近。根据本次施工的 STK02 钻孔资料，含水层岩性为砂卵砾石，粒径多为 3~8 cm，上部结构松散，下部含土量增大、稍密。潜水埋深为 7.53~28.57 m，钻孔揭露的含水层厚度为 171.43 m。换算单井涌水量>5000 m³/d，渗透系数为 19.45~38.87 m/d（表 3.3-2）。

表 3.3-2　单一潜水含水层水量极丰富孔特征一览表

孔号	孔深/m	井管半径 r/m	静水位/m	降深 S/m	流量 Q/$(m^3 \cdot d^{-1})$	主要岩性	渗透系数 K/$(m \cdot d^{-1})$	换算单井涌水量/$(m^3 \cdot d^{-1})$
STK02	200	0.1625	28.57	3.78	3 848.77	砂卵砾石	19.45	5 145.15
QJJD083	100	0.1750	7.53	3.20	4 220.00	粗砂、砂砾石	38.87	8 542.50
QJJA140	150	0.1885	8.14	3.22	4 800.00	含砾中粗砂	30.08	7 453.00

(2) 水量丰富（换算单井涌水量为>3000~5000 m³/d）：呈条带状分布在城南水厂的南、北两侧。南侧含水层岩性相对粗大，为卵砾石，粒径多为 3~8 cm，上部结构松散，下部稍密；北部含水层岩性相对变细，多为含砾粗砂，砾石含量在 15% 左右。潜水埋深在南部山前多为 90 m 以深，北部则多为 2.50~19.53 m。换算单井涌水量为 3 274.00~4 760.00 m³/d，渗透系数为 12.28~44.36 m/d（表 3.3-3）。

表 3.3-3　单一潜水含水层水量丰富孔特征一览表

孔号	孔深/m	井管半径 r/m	静水位/m	降深 S/m	流量 Q/$(m^3 \cdot d^{-1})$	主要岩性	渗透系数 K/$(m \cdot d^{-1})$	换算单井涌水量/$(m^3 \cdot d^{-1})$
QJJC116	120	0.1885	91.64	1.22	1 050.00	卵砾石	44.36	4 729.70
QJJA150	150	0.1885	7.25	5.35	5 088.00	含砾粗砂	19.53	4 760.00
D082	130	0.1750	2.85	5.90	3 864.00	含砾粗砂	12.28	3 274.00

(3)水量中等(换算单井涌水量为>1000~3000 m³/d):主要分布在山前光伏电站以南、车尔臣河的南岸、阔什萨特玛乡西部的古河道中。根据本次施工的STK08、STK05、STK10钻孔,山前含水层岩性以卵砾石为主,结构松散,多以粉土、粉砂充填,卵石粒径多为2~5 cm,潜水埋深为154.83 m,换算单井涌水量为2 154.95 m³/d,渗透系数为9.29 m/d,矿化度为0.83 g/L,属$SO_4 \cdot HCO_3 - Mg$型水。车尔臣河南岸含水层岩性以含砾粗砂、中砂、粉砂、细砂为主,多与粉土互层,含砾粗砂粒径多为1~2 cm,松散,中砂、细砂层稍密,潜水埋深为2.05~2.80 m,换算单井涌水量为2 143.45~2 745.40 m³/d,渗透系数为9.29~10.32 m/d,矿化度为0.63~0.81 g/L,属$Cl \cdot HCO_3 - Na \cdot Mg$型水。阔什萨特玛乡西侧古河道中含水层岩性为砂砾石、中砂,与粉土互层,渗透系数为6.45~7.04 m/d,矿化度为3.224 g/L,属于$Cl \cdot SO_4 - Na$型水(表3.3-4)。

表3.3-4 单一潜水含水层水量中等孔特征一览表

孔号	孔深/m	井管半径 r/m	静水位/m	降深 S/m	流量 Q/(m³·d⁻¹)	主要岩性	渗透系数 K/(m·d⁻¹)	换算单井涌水量/(m³·d⁻¹)
STK08	220	0.162 5	154.83	3.11	1 328.14	卵砾石	9.29	2 154.95
STK05	200	0.165 0	2.05	4.12	1 840.49	含砾粗砂	9.36	2 143.45
STK10	100	0.165 0	2.80	5.39	2 959.54	砂	10.32	2 745.40
QJJD039	100	0.175 0	4.53	20.32	4 964.54	砂砾石	6.45	1 221.59
QJJD065	120	0.175 0	2.69	13.07	4 917.89	砂砾石	7.04	1 881.37

(4)水量贫乏(换算单井涌水量为>500~1000 m³/d):主要分布在南部山前库拉木勒克乡牧民定居点附近和西部、且末县以东车尔臣河两岸。根据本次施工的STK01钻孔,山前区域含水层岩性以卵砾石为主,结构上部松散,下部稍密,多以粉土、粉砂充填,卵石粒径多为3~8 cm,潜水埋深为198.07 m,换算单井涌水量为842.90 m³/d,渗透系数为2.78 m/d,矿化度为0.690 g/L,属$Cl \cdot HCO_3 - Mg \cdot Ca \cdot Na$型水(表3.3-5)。根据本次施工的STK12、JJC044钻孔,塔提让镇以东车尔臣河两岸,含水层岩性以粉砂、细砂为主,稍密,潜水埋深为2.24~2.44 m,换算单井涌水量为629.61~746.28 m³/d,渗透系数为3.68~5.16 m/d,矿化度为3.24 g/L,属$Cl \cdot SO_4 - Na$型水。

表3.3-5 单一潜水含水层水量贫乏孔特征一览表

孔号	孔深/m	井管半径 r/m	静水位/m	降深 S/m	流量 Q/(m³·d⁻¹)	主要岩性	渗透系数 K/(m·d⁻¹)	换算单井涌水量/(m³·d⁻¹)
STK01	300	0.162 5	198.07	5.80	968.46	卵砾石	2.78	842.90
STK12	100	0.162 5	2.24	10.56	1 249.08	砂	5.16	629.61
JJC044	100	0.175 0	2.44	12.22	1 823.90	砂	3.68	746.28
STK07	150	0.162 0	2.35	4.30	855.71	砂	3.31	965.70

(5)水量极贫乏(换算单井涌水量≤500 m³/d):主要分布在二苇场—五围场一带,沿车尔臣河呈条带状展布。根据本次施工的STK13钻孔,含水层岩性为粉砂、细砂,单层含水层厚度为3.92~14.03 m,含水层总厚度为80 m,潜水埋深为2.64 m,换算单井涌水量为328.11 m³/d,渗透系数为10.32 m/d,矿化度为6.09 g/L,属于Cl·SO₄-Na型水(表3.3-6)。

表3.3-6 单一潜水含水层水量极贫乏孔特征一览表

孔号	孔深/m	井管半径 r/m	静水位/m	降深 S/m	流量 Q/(m³·d⁻¹)	主要岩性	渗透系数 K/(m·d⁻¹)	换算单井涌水量/(m³·d⁻¹)
STK13	87	0.1625	2.64	11.89	780.24	粉砂	10.32	328.11

3.3.2 多层结构松散岩类孔隙潜水—承压水

多层结构地下水主要分布在城南水厂以北、车尔臣河沿岸、萨尔瓦墩开发区一带,呈片状展布,分布面积不大。

1)上覆孔隙潜水

上部孔隙潜水赋存于第四系上更新统冲积层中,含水层岩性以粉细砂、粉砂、中细砂、中粗砂为主,局部夹砂砾石层、含砾中粗砂,总体上由西向东含水层颗粒由粗变细,含水层(组)厚度为77.88~159.47 m。潜水埋深在大多数地段为2~10 m。潜水富水性由南向北,换算单井涌水量由>3000~5000 m³/d逐渐减小为>1000~3000 m³/d;由西向东,换算单井涌水量由>1000~3000 m³/d逐渐过渡为≤500 m³/d。按照含水层(组)埋藏特征及富水性等级,现分述如下。

(1)水量丰富(换算单井涌水量为>3000~5000 m³/d):分布于城南水厂以北,车尔臣河沿岸。该区域含水层岩性以卵砾石为主,结构上部松散、下部稍密,多以粉土、粉砂、细砂充填,卵石粒径多为3~8 cm。根据机民井简易抽水试验结果,潜水埋深为6.06 m;换算单井涌水量为4995.09 m³/d,渗透系数为22.88 m/d(表3.3-7)。

表3.3-7 机民井抽水试验结果统计一览表1

孔号	孔深/m	井管半径 r/m	静水位/m	降深 S/m	流量 Q/(m³·d⁻¹)	主要岩性	渗透系数 K/(m·d⁻¹)	换算单井涌水量/(m³·d⁻¹)
QJJA089	120	0.1885	11.17	6.06	6054.05	卵砾石	22.88	4995.09

(2)水量中等(换算单井涌水量为>1000~3000 m³/d):主要分布在车尔臣河南岸阿克提坎墩乡南侧的古河道中。该区域含水层岩性以中砂、粉砂、细砂为主,多与粉土互层,含砾粗砂粒径多为1~2 cm,松散,中砂、细砂层稍密。根据机民井简易抽水试验结果,潜水埋深为1.23 m,换算单井涌水量为1560.58 m³/d,渗透系数为7.60 m/d(表3.3-8)。

(3)水量贫乏(换算单井涌水量为>500~1000 m³/d):分布于萨尔瓦墩开发区北侧和阔

什萨特玛乡东侧的车尔臣河两岸。含水层岩性以更新统冲积中细砂、粉细砂、中粗砂为主，结构松散，多与粉土互层。据本次施工的抽水试验结果，潜水埋深为 2.17~2.35 m，换算单井涌水量为 592.28~751.73 m³/d，渗透系数为 2.69~6.17 m/d，矿化度为 1.53 g/L，属于 $Cl·SO_4-Na$ 型水（表 3.3-9）。

表 3.3-8 机民井抽水试验结果统计表 2

孔号	孔深/m	井管半径 r/m	静水位/m	降深 S/m	流量 Q/($m^3·d^{-1}$)	主要岩性	渗透系数 K/($m·d^{-1}$)	换算单井涌水量/($m^3·d^{-1}$)
QJJA078	110	0.175	1.23	13.34	4 163.62	砂	7.60	1 560.58

表 3.3-9 勘探孔抽水试验结果统计表 1

孔号	孔深/m	井管半径 r/m	静水位/m	降深 S/m	流量 Q/($m^3·d^{-1}$)	主要岩性	渗透系数 K/($m·d^{-1}$)	换算单井涌水量/($m^3·d^{-1}$)
STK04	200	0.162 5	2.35	7.21	1 054.08	砂	6.17	751.73
QJJA066	120	0.175 0	2.17	22.95	2 868.48	砂	2.69	624.94
QJJA073	110	0.188 5	2.28	27.68	3 278.88	砂	2.97	592.28

（4）水量极贫乏区（换算单井涌水量≤500 m³/d）：主要分布在阔什萨特玛乡东侧，车尔臣河两岸。该区域含水层岩性颗粒总体上由西向东逐渐变细，由西部的中细砂、粉细砂、中粗砂至东部过渡为粉砂、粉细砂。据 STK9 钻孔的抽水试验结果，潜水埋深为 1.9 m，换算单井涌水量为 405.89 m³/d，渗透系数为 1.1 m/d，矿化度多为 2.79 g/L，属于 Cl-Na 型水（表 3.3-10）。

表 3.3-10 勘探孔抽水试验结果统计表 2

孔号	孔深/m	井管半径 r/m	静水位/m	降深 S/m	流量 Q/($m^3·d^{-1}$)	主要岩性	渗透系数 K/($m·d^{-1}$)	换算单井涌水量/($m^3·d^{-1}$)
STK09	205	0.162 5	1.9	5.1	421.89	砂	1.1	405.89

2）下伏孔隙承压水

（1）水量丰富区（换算单井涌水量为>3000~5000 m³/d）：分布于恰瓦勒墩开发区一带，呈片状展布，面积不大。该区域含水层岩性以砂砾石、含砾粗砂、含砾中砂为主，结构松散，与粉土粉砂层呈互层状。隔水层顶板埋深一般为 80.51 m，单层含水层厚度为 3.07~8.93 m，总厚度为 63.21 m；承压水头埋深为 2.12 m，据勘探孔抽水试验结果，换算单井涌水量为 3 955.22 m³/d，渗透系数为 15.59 m/d，矿化度多为 0.89 g/L，属于 Cl-Na·Mg 型水（表 3.3-11）。

表 3.3-11　勘探孔抽水试验结果统计表 3

孔号	孔深/m	井管半径 r/m	静水位/m	降深 S/m	流量 Q/(m³·d⁻¹)	主要岩性	渗透系数 K/(m·d⁻¹)	换算单井涌水量/(m³·d⁻¹)
STK04	200	0.136 5	2.12	10.75	871.26	砂	15.59	3 952.22

(2) 水量中等区（换算单井涌水量为>1000~3000 m³/d）：在阿克提坎墩乡以南，恰瓦勒墩开发区以东，呈片状展布，面积不大。该区域含水层岩性以砂砾石、含砾粗砂、含砾中砂为主，结构松散，与粉土粉砂层呈互层状。隔水层顶板埋深一般为 80.51 m，单层含水层厚度为 2.04~9.53 m；承压水头埋深为 2.36~2.7 m。据勘探孔抽水试验成果，换算单井涌水量为 1 526.7~2 765.68 m³/d，渗透系数为 6.12~13.40 m/d，矿化度为 2.98 g/L，属于 Cl·SO₄-Na·Mg 型水（表 3.3-12）。

表 3.3-12　勘探孔抽水试验结果统计表 4

孔号	孔深/m	井管半径 r/m	静水位/m	降深 S/m	流量 Q/(m³·d⁻¹)	主要岩性	渗透系数 K/(m·d⁻¹)	换算单井涌水量/(m³·d⁻¹)
D020	120	0.175	2.7	7.81	4320	砂砾石	13.40	2 765.68
JJB119	120	0.175	2.36	8.89	2058	砂砾石	6.12	1 526.70

(3) 水量贫乏区（换算单井涌水量为>500~1000 m³/d）：主要分布在且末县城至阔什萨特玛乡一带，沿车尔臣河两岸分布。该区域含水层岩性以砂砾石、含砾中砂为主，结构松散，与粉土粉砂层呈互层状。隔水层顶板埋深一般为 80 m，承压水头埋深为 1.42~4.10 m。据勘探孔抽水试验结果，换算单井涌水量为 551.00~556.80 m³/d，渗透系数为 2.35~2.80 m/d，矿化度为 0.668 g/L，属于 Cl·SO₄·HCO₃-Na·Mg 型水（表 3.3-13）。

表 3.3-13　勘探孔抽水试验结果统计表 5

孔号	孔深/m	井管半径 r/m	静水位/m	降深 S/m	流量 Q/(m³·d⁻¹)	主要岩性	渗透系数 K/(m·d⁻¹)	换算单井涌水量/(m³·d⁻¹)
JJB31	100	0.188 5	4.10	27.28	3007	砂砾石	2.80	551.00
JJC79	100	1.188 5	1.42	20.0	2059	砂砾石	2.35	556.80

(4) 水量极贫乏区（换算单井涌水量≤500 m³/d）：主要分布在塔提让镇一带，沿车尔臣河呈条带状南北向展布。该区域含水层岩性以粉砂、含砾粗砂、细砂为主，结构松散，与粉土呈互层状。隔水层顶板埋深一般为 161.29 m，单层含水层厚度为 3.31~4.76 m；承压水头埋深为 3.13 m。据勘探孔 STK09 抽水试验结果，换算单井涌水量为 108.20 m³/d，渗透系数为 1.35 m/d，矿化度为 0.81 g/L，属于 Cl·SO₄-Na 型水（表 3.3-14）。

表 3.3-14 勘探孔抽水试验结果统计表 6

孔号	孔深/m	井管半径 r/m	静水位/m	降深 S/m	流量 Q/($m^3 \cdot d^{-1}$)	主要岩性	渗透系数 K/($m \cdot d^{-1}$)	换算单井涌水量/($m^3 \cdot d^{-1}$)
STK09	205	0.136 5	3.13	45.26	985.22	砂	1.35	108.20

3.4 地下水补给、径流、排泄条件

且末县地下水补给、径流、排泄严格受地形地貌、水文和人类活动等因素的影响和制约，其中地形地貌决定了地下水的径流条件，水文因素决定了地下水的补给和径流条件。

水资源的可变性和相互转化是且末县地下水资源最大的特点。因此，查明地下水的补给、径流、排泄和相互转化关系是地下微咸水合理开发利用的基础。在自然条件下，地下水的循环受气候变化、新构造运动影响，水交替缓慢，循环周期长，以水平运动为主；在人类活动影响下，水交替强烈，循环周期缩短，以垂向运动为主。

1）地下水补给

确定车尔臣河流域地下水补给来源是地下水循环研究的重要前提。为了识别研究区地下水补给特征，结合研究区实际条件，本研究应用水化学和同位素示踪方法识别研究区地下水的主要补给来源。

河流渗漏补给：根据车尔臣河水文站监测资料，出山口后的河流年径流量为 $8.779 \times 10^8 m^3/a$，至一级分水枢纽（巴什克其克水电站）年径流量为 $7.15 \times 10^8 m^3/a$，沿程损失 $1.629 \times 10^8 m^3/a$，至革命大渠分水枢纽处年径流量为 $5.264 \times 10^8 m^3/a$，一级分水枢纽至革命大渠沿程损失 $1.886 \times 10^8 m^3/a$。因此，车尔臣河入渗补给为研究区地下水的主要补给来源。

渠道渗漏补给：农田灌溉系统健全，干、支、斗、农渠交错纵横，集中分布在且末镇及周边各乡。随着渠道防渗技术的提高，除部分斗渠及农渠外，其余各级渠道全部采取防渗措施处理。地表渠道渗漏对地下水的补给量较前人研究已明显减少，但对研究区地下水仍具有一定的补给意义。

田间灌溉入渗补给：农业灌溉主要通过机井灌溉和各级渠道引地表水灌溉，目前大规模的农业活动导致田间灌溉量剧增，从而田间入渗量大幅增加，田间灌溉入渗补给已成为研究区地下水的主要补给来源。

北部山前洪积平原侧向径流补给：平原松散堆积物虽直接与阿尔金山的古老结晶基岩呈折线接触，但由于受到山前深大断裂的控制，山区地下水不能直接对平原区进行侧向补给。

山前暴雨洪流入渗补给：南部山前洪积平原随着海拔的增加，降雨量大于洪积平原中下部。山前洪积平原发育较多的冲沟，降雨形成的暴雨洪流顺沟流入本研究区下渗，对地下水具有一定的补给意义。

大气降水入渗补给：北部山前洪积平原及冲积细土平原降雨稀少，多年平均降水量为

23.8 mm,冲积细土平原埋深小于 5 m 的面积为 2 855.25 km²。大气降水对冲积平原地下水存在部分补给。

综上所述,研究区地下水主要接受河流渗漏补给、渠道渗漏补给、田间灌溉入渗补给、山前暴雨洪流入渗补给。第四系松散岩类孔隙水潜水与承压水的补给条件有所差异,潜水主要通过田间灌溉入渗补给、河流渗漏补给、渠道入渗补给,而承压水主要通过侧向径流补给。孔隙潜水含水层与承压含水层间,可通过其间隔水层分布的不稳部位"天窗"或弱透水层越流发生水力联系。

2) 地下水径流

且末县绿洲区地下水总体流向与河流走向及地形坡向基本一致,呈南—南东向(附图10和附图11),在且末县阿热勒大桥以东,受车尔臣河地势低洼的控制,河道成为地下水的主要排泄通道。在局部地带受地表水体和河道洼地、排碱渠排水的影响,径流方向稍有变化,水力坡度向下游逐渐变小。研究区南部山区为基岩裂隙水、碎屑岩类裂隙孔隙水,地下水径流较弱,富水性较差,水化学类型为 $SO_4·Cl$、$Cl·SO_4$ 型水。其他区域为第四系松散岩类孔隙水,在且末县城以北,沿车尔臣河道两侧及萨瓦勒敦开发区一带有承压水分布,该区受人为地下水开采分布与强度的影响,潜水与承压水的径流条件比较复杂。

潜水:单一结构潜水主要分布在且末县城以南至山前砾质平原区,含水层岩性为砂砾石、卵砾石,径流方向为由南向北,STK08 以南水力坡度为 11.56‰～16.7‰,STK08 以北至且末县城一带水力坡度为 1.41‰～3.37‰。且末县城以北至塔提让镇一带为多层结构松散岩类孔隙潜水—承压水,含水层岩性为中砂、细砂,径流方向受车尔臣河断裂影响,在巴格艾日克乡转为由南西向北东径流,水力坡度为 17.2‰～28.2‰,局部受车尔臣河灌渠、机井开采及排碱渠影响,径流方向稍有变化。塔提让镇以东,沿车尔臣河至五苇场工区边界,含水层岩性为细砂、粉砂,径流方向为由南西向北东,水力坡度为 1.6‰～2.3‰。由于该处水平径流条件相对较差,地下水运移速度缓慢,潜水埋深很浅,部分地区形成小片沼泽湿地。整个研究区地下水径流基本上以车尔臣河为轴线,顺河向下游缓慢水平运移,通过东北部边界侧向流出区外。

承压水:主要分布在且末县城以北,沿车尔臣河两岸至塔提让镇东侧呈条带状分布,西侧萨尔瓦敦开发区至托格拉克勒克乡一带,地貌上主要分布于研究区的冲积细土平原。承压含水层岩性为细砂、粉砂等,为农业灌溉的主要开采层,其径流方向、径流强度与潜水基本相同,但受上游地下径流强度及补给影响较大。

3) 地下水排泄

且末县绿洲区南部主要为地下水补给区及径流区,地下水以蒸发蒸腾和侧向径流排泄为主,人工开采相对较少。

潜水蒸发蒸腾:且末县气候干燥,干旱指数为77,蒸发强度大,年平均蒸发量为 1 526.2 mm,加之绿洲区地下水位埋深小,由潜水地下水埋深图(附图12)可以看出,且末县城以北至东部东区边界,地下水位埋深均小于 5 m,地下水蒸发强烈,植物对地下水的蒸腾作用也强烈,地下水的蒸发蒸腾成为主要的排泄方式。

河道排泄:车尔臣河在山前倾斜平原,由于地下水位埋深大,河水补给地下水;而在倾斜平原与冲洪积平原的交接地带（且末县阿热勒大桥处），由于地下水位埋深较小，河流下切，加之沿河两岸的灌溉入渗作用，地下水补给河水。由此，车尔臣河起到排泄地下水的作用。

排碱渠排泄：且末县绿洲区内主要有巴格艾日克干渠、英吾斯塘干渠、阿克提坎墩干渠、阔什萨特玛干渠和塔提让5条主排干渠，另有其他配套排碱渠多条，部分低洼渠段可汇集地下水，起排泄作用。

沼泽湿地排泄：在塔提让镇以东至工区边界的河道等低洼地带，地下水溢出地表形成沼泽湿地，经调查，沼泽湿地在高水位期，水深可达1~2 m，在低水位期，通过水面蒸发可见底部淤泥。

侧向径流排泄：绿洲区地下水通过侧向径流流出区外，这也是地下水排泄方式之一。车尔臣河下游以垂直于地下水流向为流出断面，含水层岩性以细砂、粉砂为主，透水性一般，水力坡度为1.6‰~2.1‰，含水层渗透系数为4.46 m/d。地下水主流线主要以车尔臣河为轴线向下游运动，排泄断面有限，地下水水力坡度平缓，地下水侧渗量不大，主要通过流出断面排泄。

人工开采：据且末县水利局提供的由"以电折水"获得的地下水开采量数据，2020—2023年地下水开采量分别为 $4\,543.64 \times 10^4$ m³、$4\,035.68 \times 10^4$ m³、$7\,147.00 \times 10^4$ m³、$5\,574.62 \times 10^4$ m³，多年平均地下水开采量为 $5\,325.24 \times 10^4$ m³。

通过地下水补给、径流、排泄条件分析可知，且末县绿洲区地下水循环模式较为复杂，但总体上依然受到构造断裂、地形地貌、沉积特征及人工条件影响，地下水循环仍然遵从从补给区地下水形成到沙漠区耗散的过程。地下水循环为"中高山—山前冲洪积砾质平原—河谷平原—细土平原"模式，地表水—地下水共经历了3次转化过程（附图12、附图13、附图14）。

（1）山前冲洪积砾质平原地下水循环模式。

地下水自出山口径流至冲洪积砾质平原地区，从出山口至且末县南侧，形成单一结构潜水，地下水位埋深大，地下水主要接受河水脱节型补给，主要以侧向径流为排泄方式，地表水、地下水经过第一次转化过程。河水、地下水径流方向呈自南往北运动趋势。鉴于地下水中 Cl^- 含量较高，可以认为地下水除接受地表水入渗补给外，在出山口有明显径流岩盐地区的基岩裂隙水流入山前平原地区。

（2）冲洪积细土平原地下水循环模式。

冲洪积细土平原区是车尔臣河流域主要人口聚居及农业生产区域。从且末县附近至萨尔瓦墩段，地下水受各种作用影响下，地下水循环模式不同于其他地段。在且末县附近，河道弯曲部位侵蚀地层及河床较深，其河道对两侧潜水含水层存在一定影响，河水、潜水相互混合，随着径流方向，这种影响随距离的增大而减小。到萨尔瓦墩南部，潜水含水层颗粒物分布不均，整体上细颗粒物占主导，地下水位埋深变小，地下水矿化度增大，几乎不受河流影响。故潜水受上游及西部含水层侧向补给。在且末县附近逐渐形成承压水，主要是上游潜水的侧向补给形成，并向东北径流，主要接受人工开采排泄和侧向径流排泄。

（3）风成沙漠区地下水循环模式。

吐帕吾斯塘至硝尔库勒沙漠区，潜水含水层颗粒物逐渐变细，地下水位埋深变小，地表颗粒以粉土及粉砂土为主，地下水矿化度增大，主要补给来源是上游含水层侧向补给，主要为蒸发、向沙漠带径流排泄。

3.5 地下水水化学特征

3.5.1 地下水水化学特征概述

地下水水化学类型和溶解性总固体的形成、分布与变化规律，主要受地貌、气象、构造、地层岩性和地下水补给、径流、排泄条件的控制。受地形地貌及出露水点的限制，水质采样点主要集中于车尔臣河中下游绿洲农业区，山区基岩区则采样点甚少，山区及沙漠区地下水水化学特征主要依赖前人数据或由沟口地表水水化学类型代替。受南部山区河流地表水入渗影响，加之人工开采及地下水径流、排泄条件的差异，该区域的地下水水化学特征在水平空间上具有明显的分布规律。区内地下水水化学特性见附图15、附图16。

1）潜水水化学类型

（1）山区基岩裂隙水。

山区基岩裂隙水化学特征受地貌、构造、气候条件和地层岩性的控制，主要分布于研究区的南部低中山区及丘陵地带，该区域泉水出露较少，因此采用山间地表水代表该区域地下水进行水化学分析。根据取样结果分析，西南部山区依散干萨依—库拉木勒克萨依地下水水化学类型为 $SO_4 \cdot HCO_3 - Na \cdot Mg$ 型；车尔臣河—木纳布拉克艾肯山区一带，地下水水化学类型为 $Cl \cdot SO_4 - Na \cdot Mg$ 型；哈迪勒克萨依山区一带，地下水水化学类型为 $SO_4 \cdot Cl - Na \cdot Ca$；塔特勒克苏沟—尤勒滚萨依山区一带，地下水水化学类型为 $Cl \cdot SO_4 - Na$ 型水；江尕勒萨依—塔什萨依山区一带，地下水水化学类型为 $SO_4 \cdot Cl - Na \cdot Ca$ 型水。车尔臣河西侧各条河流 TDS 均小于 1 g/L，在木纳尔布拉克艾肯—塔什萨依基岩山区一带，除江尕勒萨依与塔什萨依一带地下水 TDS 小于 1 g/L，其余 TDS 为 1~6 g/L。

（2）第四系松散岩类孔隙水。

潜水：绿洲区内潜水水化学类型受多种因素综合作用，呈现出较明显的水平分带性（附图10）。总体上由南向北、由西向东，水化学类型由 $Cl \cdot HCO_4$ 型向 $Cl \cdot SO_4$ 型转化，以溶滤作用为主，水化学特征与地表水基本一致。自南向北地下水中的 TDS 相比地表水会有所增加，Na^+、Mg^{2+} 等阳离子占比增加，阴离子以 Cl^-、SO_4^{2-} 为主。

受车尔臣河水入渗补给影响，在库拉木勒克乡（STK01 钻孔附近）—车尔臣河中游东侧良种场（STK05 钻孔）一带形成长条形的 $Cl \cdot HCO_4$ 型水（与车尔臣河水化学类型一致）；西南部阿羌萨依一带为潜水径流补给区，地下水接受山区地下水径流补给，形成 $SO_4 \cdot Cl \cdot HCO_4$ 型水，地下水侧向径流至龙口处，形成了同时接受西部地下水侧向径流和车尔臣河补给的混合带，该区域分布在龙口—治沙站东侧，呈长条形展布，水化学类型为 $SO_4 \cdot HCO_4$ 型水；车尔臣河水被第二分水枢纽大坝拦截，河水位升高，受河水水化学类型的影响，在琼库勒乡与阿热勒镇、车尔臣河两岸—塔提让镇南侧 STK10 钻孔处，形成 $Cl \cdot SO_4 \cdot HCO_4$ 型潜水，此外在阿克提坎墩乡希庞村古河道内也有小范围分布；受灌区回水的影响，在托格拉克勒克乡、巴格艾日克乡、英吾斯塘乡的兰干村、科台曼艾日克村、克仁艾日克村、铁热格勒克库勒村及英吾斯塘村形成了 $Cl \cdot SO_4 \cdot HCO_3$ 型潜水;塔特勒克苏沟—尤努斯萨依、37团跃进开发区—萨尔瓦墩远离河道或地表河水,补给相对较少,地下水基本无人工开采,导致该区域氯酸盐与硫酸盐大量聚集,水化学类型为 $Cl \cdot SO_4$ 型;塔提让镇、恰瓦勒墩—良种场向东至车尔臣河下游,由于水位埋深较小,加之蒸发强烈,含水层颗粒较细,径流缓慢,水中盐分相应浓缩积累而形成 $Cl \cdot SO_4$ 型水。江尕勒萨依—塔什萨依农业开发区一带,主要受地表水入渗影响,地下水水化学类型与河水一致,均为 $SO_4 \cdot Cl$ 型水。

2)承压水水化学类型

承压水接受研究区南部单一结构潜水侧向径流补给、上部潜水越流补给,整体上由南向北由 $Cl \cdot HCO_3 \cdot SO_4$ 型过渡到 $Cl \cdot SO_4$ 型;由东向西由 $SO_4 \cdot Cl$ 型过渡至 $Cl \cdot SO_4$ 型。

3.5.2 不同年份地下水 TDS

1)2017年7月 TDS

研究区基岩裂隙水 TDS 一般为 0.25~2.3 g/L,最高达 6.4 g/L,TDS 值较高的一般为基岩裂隙泉水汇集而成的河流,水质相对较差。本次水质调查工作的重点在第四系松散岩类孔隙潜水和承压水,由于在车尔臣河中下游细颗粒地层非韵律沉积,加之潜水埋深较小,蒸发强烈,造成浅层 15 m 内地下水矿化度与井深 60~120 m 地下水矿化度差异较大,且本次工作的目的层为 100~200 m 含水层,因此本次分区多选取机井水样 TDS 进行划分,在缺少机井的地方选用民井或者探井水样(附图17)。根据附图17可知研究区不同 TDS 地下水分布面积,见表 3.5-1。

表 3.5-1 且末县绿洲区 2017 年 7 月不同 TDS 地下水分布面积统计表 单位/km²

地下水类型	<1 g/L	1~3 g/L	3~5 g/L	5~10 g/L	>10 g/L
潜水	10 852.892	5 402.372	62.509	1 512.685	1 046.805
承压水	299.932	—	—	—	—

(1)潜水。

淡水(TDS<1 g/L):受地形地貌、地层岩性、地下水循环特征等综合因素的影响,南部潜水 TDS 普遍较低,淡水广泛分布,淡水主要分布于且末县城以南及37团跃进开发区以南地区,以及恰瓦勒墩开发区、阿热勒镇等;东部淡水区在车尔臣河南部沙漠区以南砾质平原区。分布面积为 10 852.892 km²。

微咸水(TDS 为 1~3 g/L):微咸水在整个浅埋带区广泛分布,西部萨瓦勒墩开发区 315 国道以北—阔什萨特玛乡开发区地带,以及塔提让镇北侧—五苇场一带,地下水位埋深为 1~3 m,面积为 5 402.372 km²。

半咸水(TDS 为 3~5 g/L):分布在飞机场西侧英吾斯塘乡北侧艾盖西铁日木村一带,以及塔提让镇台吐阔勒村、巴什塔提让村、阿亚克塔提让村北侧一带;分布面积为 62.509 km²,该区域地下水位埋深为 1~2 m,部分区域小于 1 m,蒸发强烈,水化学类型为 $Cl \cdot SO_4$ 型。

不适宜饮用咸水(TDS 为 5~10 g/L):分布在阔什萨特玛乡托盖苏拉克村南老河道两

侧、良种场东侧车尔臣河南岸—五苇场一带、STK14 钻孔东部—塔什萨依开发区一带。分布面积为 1 512.685 km²。该区域地下水位埋深一般为 1～2 m,浅层 TDS 较高;深部 100～200 m 地层水受地层结构影响,TDS 较低。

盐水(TDS>10 g/L):盐水分布在飞机场北部及黄牛场南部区域,该区域为 37 团及英吾斯塘乡主排碱干渠排水处,大量排碱水汇集此处低洼处,依靠蒸发进行排泄;编图区边界向阳湖一带由于为沼泽湿地排泄重点,依靠大量地表水蒸发,TDS 较高,大于 15 g/L;在塔提让大桥—二苇场 315 国道两侧,探井揭露地下水 TDS 为 10～35 g/L;在哈迪勒克萨依尾闾处,QTJD060 钻孔揭露地下水 TDS 为 67.75 g/L;在五苇场东—硝尔库勒沼泽湿地一带,探井揭露地下水 TDS 为 26～46 g/L;在研究区东部边界—编图区边界远离河道处,TDS 为 10～23 g/L,近河道处受河水冲淡影响,TDS 为 5～7 g/L。总体分布面积为 1 046.805 km²。

(2)承压水。

据本次调查取样,承压含水层地下水补给来源与潜水基本一致,故其水化学类型与潜水一样,但受限于埋深相对潜水深,地下水补给为上游水,流动较快,因此研究区内形成的承压水 TDS 均小于 1 g/L。

2)2023 年 6 月地下水 TDS

根据新疆农业大学地下水资源研究团队 2023 年 6 月测定的 20 组且末县车尔臣河流域绿洲区的地下水 TDS 绘制分区图(附图 18),地下微咸水(TDS 为 2～5 g/L)分布区面积为 2 531.56 km²,占取样点控制面积 6 752.07 km² 的 37.5%(表 3.5-2)。且末县车尔臣河流域绿洲区地下微咸水主要分布在阔什萨特玛乡和阿克提坎墩乡。

表 3.5-2　且末县车尔臣河流域绿洲区地下水 TDS 分区面积及占比(2023 年 6 月)

TDS 分区/(g·L⁻¹)	面积/km²	占比/%	占比分计/%
<1	2 325.08	34.4	55.9
1～2	1 452.38	21.5	
2～3	1 540.02	22.8	37.5
3～5	991.54	14.7	
>5	443.05	6.6	6.6
合计	6 752.07	100.0	100.0

3)2023 年 8 月地下水 TDS

根据新疆地矿局第三地质大队 2023 年 8 月 630 组地下水 TDS 检测数据(附图 3),地下微咸水(TDS 为 2～5 g/L)分布区面积为 585.31 km²,占取样点控制区面积 1 646.14 km² 的 35.56%(表 1.4-1)。且末县车尔臣河流域绿洲区地下微咸水主要分布在阔什萨特玛乡、阿克提坎墩乡和塔提让镇。

3.6 地下水位动态特征

3.6.1 地下水监测井基本信息

且末县现有国家级地下水监测井 3 眼(编号分别为 961502、961501、972380)、自治区级地下水位监测井 4 眼、地州级地下水位监测井 8 眼(表 3.6-1、附图 19)。

表 3.6-1　且末县地下水监测井基本信息

序号	位置	坐标		编号	备注
1	且末县琼库勒乡河西	85°30″40.94′	38°06″2.86′	B073	州级
2	且末县托呼拉克乡开发区	85°29″34.4′	38°16″46.1′	B074	州级
3	且末县英吾斯塘乡艾开其特口木村	85°27″08.3′	38°2″51.4′	B075	州级
4	且末县恰瓦勒墩开发区	85°35″46.04′	38°17″07.92′	B076	州级
5	且末县阔什萨特玛乡向阳村	85°30″37.82	38°24″33.1′	B077	州级
6	且末县塔提让镇	85°40″07.98	38°26″56.32	B078	州级
7	且末县塔什萨依开发区	86°54″33′	38°40″35″	B079	州级
8	且末县塔什萨依老国道	86°56″04′	38°37″48″	B080	州级
9	塔格艾日克村	85°25′45.903″	38°11′6.04″	65282502(Z2)	自治区
10	东干渠旁	85°37′8.11″	38°16′2.821″	65282503(Z3)	自治区
11	阿德热斯曼村	85°46′27.18″	38°28′43.133″	65282504(Z4)	自治区
12	亚克吾斯塘村	85°37′56.64″	38°6′38.916″	65282501(Z1)	自治区
13	阿克提坎墩乡色希庞村	85°34′19.2″	38°24′9.72″	961502(G2)	国家级
14	托格拉克勒克乡	85°30′51.84″	38°8′16.08″	961501(G1)	国家级
15	38 团 3 连	84°9′20.88″	37°45′25.56″	972380(G3)	国家级

3.6.2 地下水位年内动态特征

(1)灌溉入渗-开采型。

主要分布在农业活动频繁的区域,是地下水年内动态特征的主要表现形式。如图 3.6-1(G2、G3)和图 3.6-2(B74、B75、B76、B78、B79)所示,最高水位出现在 3—5 月,随着灌溉的进行,地下水位随开采量的大幅增加而明显下降,受田间灌溉水渗漏和渠道渗漏补给等作用影响,7—8 月水位最低,9 月农作物成熟,地下水开采量减少,水位开始回升。此外,监测井 B74、B75 位于且末县城附近,地下水位埋深年内变幅为 10.50~13.30 m,次年可以恢复至原水位;而靠近北部荒漠区的监测井(B76、B78、B79)地下水位埋深年内变幅相对较小,为

1.63~3.71m(表3.6-2),但次年不能恢复至原水位。由此说明,尽管且末县城附近开采强度大,但补给条件较好,而越靠近荒漠区补给条件越差。

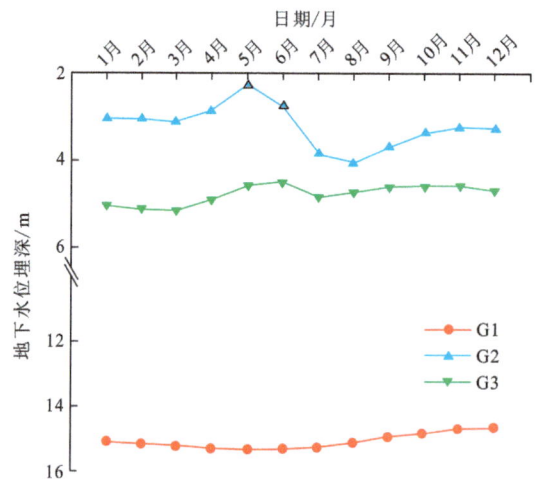

图3.6-1 且末县国家级监测井地下水位埋深年内动态

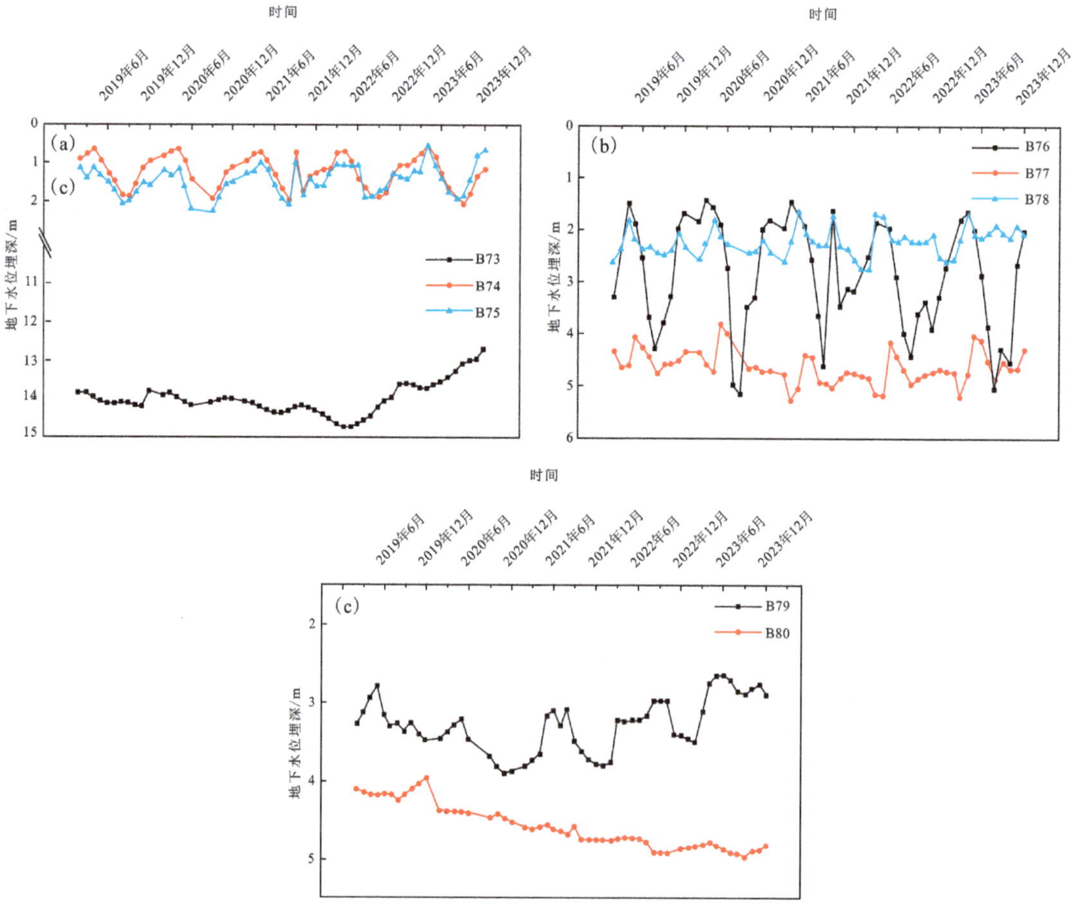

图3.6-2 且末县监测井地下水位埋深年际动态

表 3.6-2　且末县部分监测井地下水位年内变幅特征

编号	最小埋深/m	最大埋深/m	埋深年内变幅/m	地下水动态类型
B76	1.45	5.16	3.71	灌溉入渗-开采型
B77	2.16	4.74	2.57	河渠入渗补给型
B78	1.81	3.91	2.10	灌溉入渗-开采型
B79	3.21	4.85	1.63	灌溉入渗-开采型
B80	3.24	4.52	1.28	河渠入渗补给型
G1	14.64	15.33	0.69	河渠入渗补给型
G2	2.26	4.07	1.81	灌溉入渗-开采型
G3	4.53	5.17	0.64	灌溉入渗-开采型

(2) 河渠入渗补给型。

监测井 B73、B77、B80 分别位于河道与渠道附近(<1.5 km),为保障农业生产,7—8月水库下泄,致使地下水位7—8月猛增(图3.6-2)。监测井 B80 靠近山前,除7—8月外,其余月份水位变化平稳,基本不受人类活动影响;而位于北部细土平原的监测井 B77,2—6月水位存在一定波动,可能与人类活动有关。监测井 G1 位于人类活动集中的城镇地区,地下水开采较少,生活、饮用水主要取自地表水,这是地下水位变化平稳的主要原因。

3.6.3　地下水位年际动态特征

采用直线趋势法对8眼监测井的地下水位年际动态曲线(图3.6-2)进行拟合,并根据地下水位年均速率划分地下水多年动态类型(表3.6-3)。地下水多年动态类型可划分为水位快速上升(≥ 0.5 m/a)、缓慢上升($0.1 \sim 0.5$ m/a)、基本稳定($-0.1 \sim 0.1$ m/a)、缓慢下降($-0.5 \sim -0.1$ m/a)和快速下降(≤ -0.5 m/a)5种类型。

表 3.6-3　且末县 2019—2023 年部分监测井地下水位变幅

编号	年均地下水位变幅/(m·a^{-1})	地下水动态
B73	0.28	缓慢上升
B74	0.16	缓慢上升
B75	0.26	缓慢上升
B76	−0.13	缓慢下降
B77	−0.09	基本稳定
B78	0.07	基本稳定
B79	0.11	缓慢上升
B80	−0.23	缓慢下降

由表 3.6-3 可知,且末县平原区地下水位动态类型包括缓慢上升型(4 眼)、缓慢下降型(2 眼)和基本稳定型(2 眼),2019—2023 年地下水位以缓慢上升为主。地下水位缓慢上升型(B73、B74、B75、B79)主要分布在且末县城附近及北部,年均地下水位变幅为 0.20 m/a;在靠近北部荒漠区的监测井 B77、B78 地下水位基本稳定。

3.6.4 地下水位动态空间分布特征

且末县平原区 2022 年 4 月(高水位期)和 2022 年 8 月(低水位期)地下水位埋深分区及面积统计见表 3.6-4 和附图 20,地下水位埋深整体由南向北逐渐减小。在高水位期,出现地下水位埋深 0~1 m 分区;在低水位期,出现地下水位埋深 20~30 m 分区,分布在且末县城南部。2022 年 4 月地下水位埋深主要集中在 1~3 m 和 3~6 m,分别占总控制面积的 38.9% 和 35.4%,分布在且末县城北部;2022 年 8 月地下水位埋深主要集中在 3~6 m 和 10~20 m,分别占总控制面积的 44.0% 和 32.7%,位于阿克提坎墩乡南、北两侧。整体上,2022 年 4—8 月,且末县平原区地下水位埋深呈增大趋势。

表 3.6-4　且末县平原区地下水位埋深分区面积统计

地下水位埋深/m	2022 年 4 月		2022 年 8 月	
	面积/km²	占比/%	面积/km²	占比/%
0~1	7.1	0.5	0.0	0.0
1~3	505.9	38.9	11.8	0.9
3~6	460.3	35.4	572.9	44.0
6~10	78.6	6.1	167.3	12.9
10~20	248.5	19.1	425.4	32.7
20~30	0.0	0.0	123.0	9.5
合计	1 300.4	100.0	1 300.4	100.0

且末县绿洲区 2024 年 3 月(高水位期)和 2024 年 7 月(低水位期)地下水位等值线与埋深分区见附图 11 和附图 21。

3.7　水资源开发利用现状

3.7.1　地表水利用现状

且末县地表水主要引水渠首有 7 处(附图 22),2020—2023 年地表水引水量为 38 890~56 585×10⁴ m³(表 3.7-1),平均为 46 953×10⁴ m³,远高于 2024 年 1 月 30 日巴州党委水资源管理委员会办公室下发的《关于 2024 年自治州实行最严格水资源管理制度重点工作的提示》确定的且末县 2024 年地表水用水总量控制指标 28 270×10⁴ m³（其中车尔臣河 25 086× 10⁴ m³，塔什萨依 2184×10⁴ m³、喀拉米兰河 150×10⁴ m³、且末县诸小河 850×10⁴ m³）。因此，大力开发利用且末县地下微咸水资源势在必行。

表 3.7-1　且末县 2020—2023 年地表水引水量

年份	2020	2021	2022	2023	平均
引水量/×10⁴ m³	38 890	41 721	50 616	56 585	46 953

3.7.2　地下水利用现状

截至 2023 年 12 月，且末县已办证机电井总数 976 眼，摸排筛选出 138 眼多年未使用的机电井（计划注销这 138 眼井的取水许可证，备案为抗旱机井），正常使用的机电井 838 眼（附图 22）。机电井分布的总体特征：平面上相对集中（机电井分布区面积仅为 2 258 km²，占平原区均衡计算区面积的 8.4%），主要集中于的农灌区、城镇，单一结构潜水区机井密度小，多层结构潜水—承压水区机井密度大。

据且末县水利局提供的由"以电折水"获得的地下水开采量数据，2020—2023 年地下水开采量分别为 4 543.64×10⁴ m³、4 035.68×10⁴ m³、7 147.00×10⁴ m³、5 574.62×10⁴ m³，多年平均地下水开采量为 5 325.24×10⁴ m³（表 3.7-2），高于 2024 年 1 月 30 日巴州党委水资源管理委员会办公室下发的《关于 2024 年自治州实行最严格水资源管理制度重点工作的提示》确定的且末县 2024 年地下水用水总量控制指标 4 908×10⁴ m³。因此，大力开发利用且末县地下微咸水资源势在必行。

表 3.7-2　且末县各乡镇 2020~2023 年地下水开采量统计表

乡镇	机井数量/个				水量/×10⁴ m³				
	2020	2021	2022	2023	2020	2021	2022	2023	多年平均
托格拉克勒克乡	14	13	14	14	56.02	54.44	80.83	35.07	56.59
阿热勒镇	5	5	6	8	36.99	57.36	78.85	102.55	68.94
琼库勒乡	5	5	5	5	3.76	6.70	5.91	9.02	6.35
英吾斯塘乡	45	47	46	45	485.02	353.11	545.42	349.70	433.31
阔什萨特玛乡	28	28	35	36	198.72	289.84	385.21	295.66	292.36
良种场	77	78	87	87	1 688.72	605.59	2 650.57	1 921.09	1 716.49
阿克提坎墩乡	79	80	84	82	831.10	1 088.71	1 294.90	1 216.86	1 107.89
塔提让镇	69	74	80	78	247.41	357.28	557.52	377.70	384.98
阿羌镇	37	34	37	37	870.15	1 022.36	1 358.12	1 156.13	1 101.69
巴格艾日克乡	34	34	33	33	125.75	200.31	189.67	110.82	156.64
合计	393	398	427	425	4 543.64	4 035.68	7 147.00	5 574.62	5 325.24

按照 2023 年 8 月且末县地下水 TDS 分区,淡水和微咸水分布区面积分别占 64.39% 和 35.56%,按淡水和微咸水分布区面积占比折算,在 $5\,325.24\times10^4$ m³ 的地下水开采量中,淡水和微咸水开采量分别为 $3\,430.52\times10^4$ m³ 和 $1\,894.72\times10^4$ m³。

3.7.3 地下水资源利用中存在的问题

且末县农田水利基础设施比较薄弱,近年来虽然社会经济发展较快,但农田水利工程的投资不足。受自然条件恶劣、水资源管理等因素制约,地下水资源利用中存在一些问题,主要表现在以下方面。

(1)2020—2023 年平均地下水开采量为 $5\,325.24\times10^4$ m³/a,高于 2024 年核定的地下水用水总量控制指标 $4\,908\times10^4$ m³。

(2)最新的地下水资源评价成果是依据 2001—2016 年数据计算获得的,2017 年以来且末县地下水的形成条件已发生了较大的变化,原有的地下水资源评价成果无法真实反映现状条件下的且末县地下水资源状况,亟需依据 2017—2023 年的相关数据重新计算或评价地下水补给量、地下水资源量、地下水可开采量和微咸水可利用量。

(3)地下微咸水资源未被合理开发利用。且末县地下水水质较差(硼超标严重、微咸地下水分布面积较大),前人在地下水资源评价中对且末县地下水质量状况关注不够,不利于综合考虑水量、水质条件以对地下水(含地下微咸水)开采进行优化布局(机电井优化调整)。

(4)现有地下水监测井仅有 15 眼(其中国家级 3 眼、自治区级 4 眼、地州级 8 眼),仅 3 眼国家级监测井对地下水水质进行了每年一期的采样监测,地下水位监测井密度为 6.6 眼/10^3 km² [仅达到《地下水监测规范》(SL 183—2005)6~12 眼/10^3 km² 的最低要求],地下水水质监测井密度为 13 眼/10^3 km²(达到《地下水监测规范》(SL 183—2005)6~12 眼/10^3 km² 的要求)。

(5)机井电抽水量计量准确性有待提高。

4 地下水资源计算与评价

水均衡分析是从全年角度分析和认识地表水与地下水的转换关系和水量分配及其平衡状况的,其中包括地下水均衡计算部分。均衡计算时段为一年,现状年为2019年。水文要素取用1956—2019年的多年平均值,地下水流场为本次水文地质勘察2020年10月—11月的统测资料,气象要素取1956—2019年的多年平均值。

4.1 参数的来源与选取

4.1.1 抽水试验及水文地质参数的选取

均衡区在过去几十年里曾经进行了大量的钻孔抽水试验,确定的水文地质参数见表4.1-1。

表4.1-1 研究区抽水试验结果统计表

孔号	孔深/m	井管半径 r/m	静水位/m	降深 S/m	流量 Q/ $(m^3 \cdot d^{-1})$	主要岩性	渗透系数/K $(m^3 \cdot d^{-1})$
STK02	200	0.162 5	28.57	3.78	3 848.77	砂卵砾石	19.45
QJJD083	100	0.175 0	7.53	3.20	4 220.00	粗砂、砂砾石	38.87
QJJA140	150	0.188 5	8.14	3.22	4 800.00	含砾中粗砂	30.08
QJJC116	120	0.188 5	91.64	1.22	1 050.00	卵砾石	44.36
QJJA150	150	0.188 5	7.25	5.35	5 088.00	含砾粗砂	19.53
D082	130	0.175 0	2.85	5.90	3 864.00	含砾粗砂	12.28
STK08	220	0.162 5	154.83	3.11	1 328.14	卵砾石	9.29
STK05	200	0.165 0	2.05	4.12	1 840.49	含砾粗砂	9.36
STK10	100	0.165 0	2.80	5.39	2 959.54	砂	10.32
QJJD039	100	0.175 0	4.53	20.32	4 964.54	砂砾石	6.45
QJJD065	120	0.175 0	2.69	13.07	4 917.89	砂砾石	7.04
STK01	300	0.162 5	198.07	5.80	968.46	卵砾石	2.78
STK12	100	0.162 5	2.24	10.56	1 249.08	砂	5.16
JJC044	100	0.175 0	2.44	12.22	1 823.90	砂	3.68
STK07	150	0.162 0	2.35	4.30	855.71	砂	3.31
STK13	87	0.162 5	2.64	11.89	780.24	粉砂	10.32

4.1.2 其他参数的选取

(1)河流渗漏系数。

车尔臣河的损失水量根据不同断面径流量进行折减,河流渗漏系数需分段进行计算。

哈迪勒克萨依、阿羌萨依等 7 条冲洪沟河年径流量较小,目前均无引用,河道中水量在倾斜平原段渗失和蒸发。根据《新疆地下水资源》(董新光和邓铭,2005)提出的小型河流取值范围,渗漏系数取值 0.8。

(2)大气降水入渗系数 α。

根据《新疆地下水资源》中不同潜水埋深和次降水量选择 α 值,见表 4.1-2。

表 4.1-2　大气降水入渗系数 α 值

次降水量	埋深/m			
	<1	1~3	3~6	>6
≥10 mm	0.12~0.18	0.10~0.20	0.05~0.10	0.03

根据《水文地质手册》(第二版)(中国地质调查局,2012)选择不同岩性的降水入渗系数 α 值,见表 4.1-3。

表 4.1-3　不同岩性大气降水入渗系数的经验数值表

岩性	入渗系数 α
亚黏土	0.01~0.02
轻亚黏土	0.02~0.05
粉砂	0.05~0.08
细砂	0.08~0.12

(3)潜水蒸发系数 C。

潜水蒸发系数与潜水埋深、包气带岩性、植被覆盖率及本区的气象、水文特征等因素有关。车尔臣河流域平原区包气带岩性以粉质黏土及粉细砂为主,根据《新疆地下水资源》,结合新疆维吾尔自治区水利厅、新疆农业大学 2002 年编写的《新疆地下水资源评价细则》,蒸发系数(C)取值见表 4.1-4。

由于地表植被状况对潜水蒸发影响较大,在计算有植被条件下潜水蒸发量时还要考虑植被状况修正系数,结合《新疆地下水资源》综合考虑灌区 E601.1/E601、灌区和非灌区植被覆盖率,确定评价区潜水蒸发植被修正系数 C' 和 C'',见表 4.1-5。

表 4.1-4　车尔臣河流域平原区潜水蒸发系数表

水位埋深≤1 m				水位埋深 1～3 m			
砂砾石	粉细砂	亚砂土	亚黏土	砂砾石	粉细砂	亚砂土	亚黏土
0.50	0.60	0.55	0.75	0.08	0.10	0.35	0.35
水位埋深 3～6 m				水位埋深＞6 m			
砂砾石	粉细砂	亚砂土	亚黏土	砂砾石	粉细砂	亚砂土	亚黏土
0	0.02	0.05	0.10	0	0	0	0

表 4.1-5　车尔臣河流域平原区潜水蒸发植被修正系数

灌区(C')				非灌区(C'')			
≤1 m	1～3 m	3～6 m	＞6 m	≤1 m	1～3 m	3～6 m	＞6 m
1.50	1.25	1.13	1.00	1.32	1.29	1.10	1.00

注：当埋深小于 1 m 区为盐土时，非灌区蒸发修正系数 C'' 取值 1.0。

(4) 渠道渗漏补给系数 m。

渠道渗漏补给系数 m 计算式为

$$m = \gamma \cdot (1-\eta) \qquad (4.1-1)$$

式中，γ 是渠道渗漏补给系数，$\gamma = \gamma' \cdot \gamma''$（$\gamma'$ 为渠道渗漏修正系数，γ'' 为渠道防渗修正系数）；η 为渠道有效利用系数。

根据车尔臣河流域各级渠道的防渗情况及土壤岩性，并参照《新疆地下水资源》，灌区 γ'、γ'' 取值见表 4.1-6、表 4.1-7。

表 4.1-6　渠道渗漏修正系数 γ' 取值表

岩性	埋深/m			
	0～1	1～3	3～6	＞6
砂性土、砂砾石	0.75～0.80	0.70～0.75	0.60～0.70	0.50～0.60
黏土	0.70～0.75	0.65～0.75	0.50～0.60	0.40～0.50

表 4.1-7　渠道防渗修正系数 γ'' 取值表

防渗率/%	＜20	20～40	40～60	60～80	80～100
γ''	0.97	0.9	0.82	0.8	0.75

(5) 灌溉入渗系数 β。

根据《新疆地下水资源》中车尔臣河流域的资料成果，灌溉入渗系数 β 取值见表 4.1-8。

表 4.1-8 灌溉入渗系数表

埋深/m	<1			1~3			3~6			>6		
岩性	黏土	砂土	砂砾石	黏土	砂土	砂砾石	黏土	砂土	砂砾石	黏土	砂土	砂砾石
入渗系数 β	0.23	0.3	0.3	0.2	0.25	0.25	0.1	0.11	0.2	0.04	0.06	0.18

(6)平原库塘坝渗漏补给系数(α库)。

本次库塘坝渗漏补给系数的选取,是根据新疆平原区不同类型库塘坝渗漏系数的经验,并结合区内降水、蒸发、坝基岩性及水库淤积情况综合确定的。参照《新疆地下水资源》,平原库塘坝渗漏补给系数取值见表 4.1-9。

表 4.1-9 平原库塘坝渗漏补给系数表(α库)

岩性	大型 库容>1.0×10^8 m³	中型 库容($0.1\sim1.0)\times10^8$ m³	小型 库容<0.1×10^8 m³
黏土	0.06~0.10	0.15~0.20	0.25~0.30
砂土	0.08~0.16	0.20~0.30	0.30~0.50

(7)天然林潜水蒸发蒸腾量。

根据林业部门有关资料,中高天然林地成年林蒸腾地下水量约为 $0.9 m^3/(a \cdot m^2)$。区内天然胡杨林地蒸发蒸腾地下水量计算按实际分布面积、植被覆盖率进行折算。

(8)井灌回归入渗补给系数 $\beta_{井}$。

研究区内农田均为井灌区,大部分农田以种植棉花为主,采用塑料薄膜覆盖,灌溉水蒸发量明显减小。因为田地岩性为砂土、粉土,田间灌溉水入渗量比一般田地要大。井灌回归补给量由两部分组成:斗农渠入渗补给量和田间入渗补给量。因均衡计算区井灌区地下水位埋深多为 1~3 m,斗渠较短,综合区内井灌区特点,参照《新疆地下水资源》的数据成果,将斗农渠入渗补给量和田间入渗补给量合并计算,井灌回归入渗补给系数 $\beta_{井}$ 取值 0.25。

4.2 水均衡分析

4.2.1 水均衡方程式

根据均衡区内的气象、水文及水文地质条件,区内水均衡方程式如下:

$$W_a - W_b = W_c \tag{4.2-1}$$

式中,W_a 是流入均衡区的水量,包括降水量、地表水径流流入量、地下水侧向补给量(10^4 m³/a);W_b 是流出均衡区的水量,包括地表水流出量、地下水侧向流出量(10^4 m³/a);W_c 是均衡区消耗水量,包括地表水水面蒸发量、潜水蒸发量(裸地)、野生植物蒸发蒸腾量、作物蒸发蒸腾量、天然林蒸发蒸腾量(10^4 m³/a)。

4.2.2 地下水均衡方程式

地下水均衡方程式为

$$Q_{补} - Q_{排} = \pm \mu F \Delta h / \Delta t \tag{4.2-2}$$

式中,$Q_{补}$是地下水补给量(10^4 m³/a);$Q_{排}$是地下水排泄量(10^4 m³/a);$\mu F \Delta h / \Delta t$为地下水储存量变化量($10^4$ m³/a);μ为含水层给水度;F为均衡区面积(10^4 m²);Δh为均衡期地下水位变幅(m);Δt为均衡期(a)。

4.3 地下水资源计算与评价方法的选择

4.3.1 均衡要素的计算确定

依据《新疆车尔臣河流域地下水资源调查评价报告》,确定均衡区如附图23所示。

根据均衡区内地下水动态观测资料,均衡区现状地下水位年际变化基本稳定,基本接近原始状态,故地下水位在1个水文年变化量基本为零,即$\mu F \Delta h / \Delta t \approx 0$。

1)进入均衡区的水量

进入均衡区内水量包括地表河流径流流入量、降水量、地下侧向补给量。

(1)地表水径流流入量。

区内地表水径流流入量包括河流沟谷径流流入量、无汇流区暴雨洪流流入量。

①河流沟谷径流流入量($Q_{河流}$)。该区流入区内水量的河(沟)自东向西为塔特勒克苏沟、哈迪勒克萨依、木纳尔布拉克艾肯、车尔臣河、库拉木勒克萨依、阿克亚艾肯、依散干萨依、阿羌萨依。除车尔臣河外,其他河沟年径流量均小于1000×10^4 m³/a,车尔臣河多年平均径流量为$92\,154.80 \times 10^4$ m³/a,则河流沟谷径流流入量为$94\,085.27 \times 10^4$ m³/a(表4.3-1)。

②无汇流区暴雨洪流流入量($Q_{洪}$)。南部山区部分间歇性洪流,流程短,出山口后入渗,转化成地下水。无汇流区洪流汇合后,对山前洪积平原地下水形成渗漏补给。

山前无汇流区洪流量计算式:

$$Q_{洪} = F \cdot A \tag{4.3-1}$$

式中:$Q_{洪}$是无汇流区的暴雨洪流量(m³/a);F是形成洪流的汇水面积(km²),根据1:10万图上量得为431.11 km²;A是径流深(mm/a),根据径流深等值线图上量算。

得出$Q_{洪} = 809.94 \times 10^4$ m³/a。

进入均衡区内地表水径流总量为$94\,859.21 \times 10^4$ m³/a。

(2)降水量($Q_{降}$)。

据且末县气象局资料,且末县平原区年降水量为25.7 mm,计算区面积为13 456.7 km²,则降水量为$34\,583.72 \times 10^4$ m³/a。因且末县平原区年降水量很小,次降水量(有效降水量)几乎均小于10 mm,故对均衡区内地下水无实际补给意义。

表 4.3-1 研究区内主要河流沟谷特性表

河流名称	径流量/ (10^4 m³·a⁻¹)	断面以上 河长/km	断面以下 河长/km	集水 面积/km	径流 系数	动态特征
塔特勒克苏沟	203.80	21.8	20	133.67	0.10	季节性有水
哈迪勒克萨依	668.88	38.0	30	423.19	0.07	常年性有水
木纳尔布拉克艾肯	136.22	9.2	12	151.25	0.05	季节性有水
车尔臣河	92 154.80	353.0	460	25279	0.05	常年性有水
库拉木勒克萨依	85.71	30.4	20	48.98	0.21	常年性有水
阿克亚艾肯	75.68	9.0	37	45.44	0.04	常年性有水
依散干萨依	479.01	11.0	80	166.53	0.06	季节性有水
阿羌萨依	281.17	16.6	10	110.12	0.05	常年性有水
合计	94 085.27					

(3)地下水侧向补给量($Q_{侧补}$)。

地下水侧向补给量是均衡区各边界流入均衡区内的地下水量。均衡区南边界为补给边界,北边界和东北河道断面边界为排泄边界,东边界与西边界均为零边界。本研究采用水文分析法计算南边界地下水侧向补给量,主要包含各河谷潜流量和基岩裂隙水侧渗量。

①河谷潜流量($Q_{潜流}$)。区内河谷潜流量补给最大的河流为车尔臣河。车尔臣河河谷(大石门断面)松散层厚度、过水断面面积、水力坡度、渗透系数等根据大石门水库工程地质剖面图中数据计算,大石门断面的河谷潜流量包括大石门现河道的潜流量和古河槽断面的潜流量,计算断面见图 4.3-1。

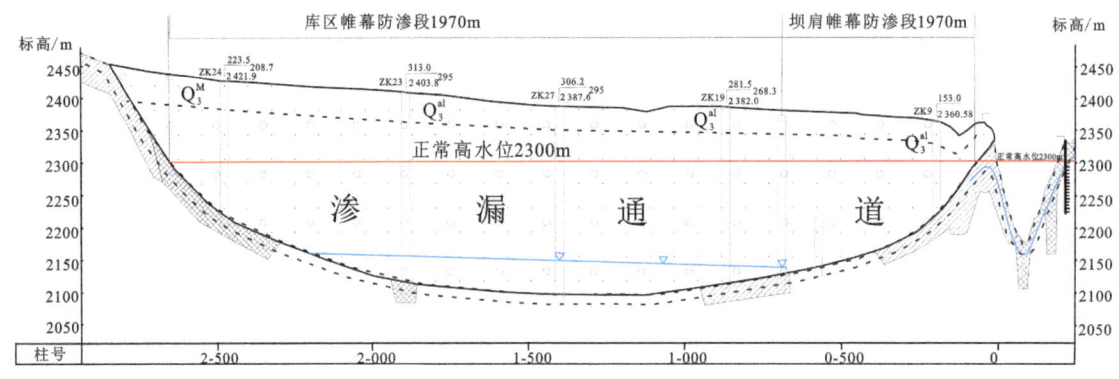

图 4.3-1 大石门水库坝轴线剖面

算式采用达西公式

$$Q_{潜流} = K \cdot I \cdot L \cdot M \cdot \cos\alpha \cdot 365 \quad (4.3-2)$$

式中,$Q_{潜流}$是河谷潜流量(10^4 m³/a);K是渗透系数(m/d);I是水力坡度,由等水位线上量出(%);L 是断面长度(m),M 是含水层厚度(m/a),由剖面图上量取;α 是地下水流向与剖面线法线夹角(°)。该式还可用来计算地下水侧向流出量($Q_{侧出}$)。

计算结果见表 4.3-2,河谷潜流量为 453.35×10^4 m³/a。

表 4.3-2　车尔臣河流域各河谷潜流量计算表

断面	渗透系数 K/(m·d^{-1})	断面长度 L/m	含水层厚度 M/(m·a^{-1})	水力坡度 I/%	夹角 α/(°)	河谷潜流量 $Q_{潜流}$/(10^4 m³·a^{-1})
塔特勒克苏沟	20	24.5	30	2	0	10.73
哈迪勒克萨依	20	8.6	30	2	0	3.77
西托格腊克恰甫沟	20	15	30	2	0	6.57
木纳尔布拉克艾肯	15	30	30	2	0	9.86
车尔臣古河道	8.5	2230	42	1.2	0	348.70
车尔臣河河道	25	432	8.5	1.22	0	40.88
库拉木勒克萨依	15	15	50	2	0	8.21
阿克亚艾肯	15	15	50	2	0	8.21
依散干萨依	15	15	50	2	0	8.21
阿羌萨依	15	15	50	2	0	8.21
合计						453.35

②基岩裂隙水侧渗量($Q_{基渗}$)。山区降水入渗形成的基岩裂隙水,一部分在山区以泉的形式排泄汇入沟谷中,另一部分则通过沟谷下潜流或碎屑岩层、断裂破碎带直接排向山前平原第四纪松散含水层。本研究采用水文分析法计算山区无汇流区基岩裂隙水补给山前松散含水层水量,山区降水形成基岩裂隙水计算公式如下:

$$Q_{基渗} = F \times P \times \alpha - Q_{河川基流} \tag{4.3-3}$$

式中,$Q_{基渗}$ 是山前基岩裂隙水量(10^4 m³/a);F 是山区计算面积(km²);P 是山区降水量(m/a),采用 6—9 月降水量;α 是降水入渗补给系数,参考《水文地质手册》(第二版),取 0.06;$Q_{河川基流}$ 是河川基流量(10^4 m³/a)。

山区降水形成的基岩裂隙水量计算结果见表 4.3-3,基岩裂隙水侧渗量为 4212.04×10^4 m³/a。

表 4.3-3　基岩裂隙水侧渗量计算表

分区	F/km²	P/m	α	$Q_{河川基流}$/(10^4 m³·a^{-1})	$Q_{基渗}$/(10^4 m³·a^{-1})
南部山区	25 494.6	0.15	0.06	18 733.10	4 212.04

进入均衡区内地下水侧向补给量为 4665.39×10^4 m³/a。

(4)进入均衡区的水量。

由上述计算可知,进区水量包括地表水径流流入量 94 859.21×10⁴ m³/a,河谷潜流量 453.35×10⁴ m³/a,基岩裂隙水侧渗量 4 212.04×10⁴ m³/a,降水量 34 583.72×10⁴ m³/a,则进入均衡区内总水量为 134 144.32×10⁴ m³/a。

2)区内水的运行与转化

根据均衡区内的气象、水文及水文地质条件,区内水的运行与转化要素包括以下内容。

河道水量:从河道进入区内的水量,除引入渠道和出区水量外,分为蒸发水量和渗漏补给地下水量。

暴雨洪流量:南部山区无汇流区暴雨洪流进入平原区的水量。

渠道引水量:从河道引入渠道的水,分为蒸发水量、入渗水量,剩余部分进入田间,田间水量分为蒸发水量和入渗水量。

地下水开采量:地下水实际开采量。

地下水蒸发量:裸地潜水蒸发量。

灌区作物蒸发蒸腾地下水量:指灌区棉花、红枣等的蒸腾蒸发量。

野生植被蒸发蒸腾地下水量:指芦苇、骆驼刺、草地等的蒸腾蒸发量。

天然林蒸发蒸腾地下水量:指均衡区内天然胡杨林、红柳密灌的蒸发蒸腾地下水量。

(1)地表水的运行与转化。

①渠道引水的渗漏量($Q_{渠渗}$)。均衡区内的河流仅车尔臣河有开发利用,根据本次调查收集资料,车尔臣河近10年平均引水量为 36 661.48×10⁴ m³/a。总干渠的损失水量合并至干渠、支干渠计算。渠道渗漏量计算式为

$$Q_{渠渗}=Q_{引} \cdot (1-\eta)\gamma \quad (4.3-4)$$

$$\gamma=\gamma' \cdot \gamma'' \quad (4.3-5)$$

式中,$Q_{渠渗}$ 是渠道渗漏补给量(10^4 m³/a);$Q_{引}$ 是渠道平均引水量(10^4 m³/a);η 是渠道有效利用系数;γ 是渠道渗漏补给修正系数;γ' 是渠道渗漏修正系数,本次取 0.75;γ'' 是渠道防渗修正系数,本次取 0.9。

计算结果见表 4.3-4 和表 4.3-5。区内渠道渗漏量为 7 992.41×10⁴ m³/a。

②地表水田间入渗量($Q_{田渗}$)。本次田间入渗量计算含斗农渠渗漏量。灌区斗渠的渠道利用系数较高,多为 U 型混凝土板防渗。田间入渗量计算公式为

$$Q_{田渗}=Q_{田进} \cdot \beta \quad (4.3-6)$$

式中,$Q_{田渗}$ 是农田灌溉水入渗量(10^4 m³/a);$Q_{田进}$ 是农田进水量(10^4 m³/a);β 是田间入渗系数。

计算结果见表 4.3-6。区内田间入渗量为 5 283.55×10⁴ m³/a。

③河流沿途渗漏补给量($Q_{河渗}$)。

a.车尔臣河道渗漏补给量。

出山口至水文站段:车尔臣河出山口平均年径流量为 92 154.80×10⁴ m³/a,而在出山口下 87 km 车尔臣河且末断面(水文站),多年平均径流量则减少到 59 010×10⁴ m³/a,水文站以上断面引水干渠主要为革命大渠、阿热勒干渠、琼库勒乡一支渠、库拉木勒克干渠。将琼

库勒乡一支渠引水量合并至革命大渠计算,革命大渠引水量合并至水文站断面,库拉木勒克引水渠和阿热勒干渠引水量没有计入水文站断面径流量。阿热勒干渠和库拉木勒克干渠引水量为 $3203.30×10^4 m^3/a$,河道损失量为 $29941.50×10^4 m^3/a$。考虑河道蒸发作用,参考当地气象因素和河道散流情况,以及上游河床以砂卵砾石为主,渗漏量较大,河道较窄,取 0.80 作为渗漏率,则车尔臣河出山口至水文站段河道渗漏量为 $23953.20×10^4 m^3/a$,河道蒸发浸润损失量为 $5988.30×10^4 m^3/a$。

表 4.3-4　干渠、支干渠渗漏量计算表

渠道名称	引水量/ ($10^4 m^3·a^{-1}$)	干渠有效利用系数 η	渠道渗漏修正系数 γ'	渠道防渗修正系数 γ''	损失水量/ ($10^4 m^3·a^{-1}$)	渗漏量/ ($10^4 m^3·a^{-1}$)	蒸发量/ ($10^4 m^3·a^{-1}$)
库拉木勒克干渠	277.85	0.89	0.75	0.9	30.56	20.63	9.93
跃进干渠	493.05	0.89	0.75	0.9	54.24	36.61	17.63
工程支队干渠	1918.21	0.81	0.75	0.9	364.46	246.02	118.44
阿热勒干渠	2925.45	0.86	0.75	0.9	409.56	276.45	133.11
琼库勒干渠	3476.86	0.81	0.75	0.9	660.60	445.90	214.70
英吾斯塘干渠	4973.01	0.86	0.75	0.9	696.22	469.95	226.27
巴格艾日克干渠	2601.00	0.83	0.75	0.9	442.17	298.46	143.71
托格拉克勒克干渠	2912.93	0.83	0.75	0.9	495.20	334.26	160.94
恰瓦勒墩干渠	5365.98	0.83	0.75	0.9	912.21	615.75	296.46
阔什萨特玛干渠	5267.17	0.82	0.75	0.9	948.09	639.96	308.13
阿克提坎墩干渠	3603.62	0.83	0.75	0.9	612.62	413.52	199.10
尤干墩开发区干渠	77.35	0.81	0.75	0.9	14.70	9.92	4.78
塔提让干渠	2769.00	0.85	0.75	0.9	415.35	280.36	134.99
合计	36661.48				6055.98	4087.79	1968.19

表 4.3-5 支渠渗漏量计算表

支渠名称	引水量/ (10^4 m³·a⁻¹)	支渠有效 利用系数 η	渠道渗漏 修正系数 γ'	渠道防渗 折算系数 γ''	损失水量/ (10^4 m³·a⁻¹)	渗漏量/ (10^4 m³·a⁻¹)	蒸发量/ (10^4 m³·a⁻¹)
跃进支渠	438.82	0.77	0.75	0.9	100.93	68.13	32.80
工程支队支渠	1 507.23	0.77	0.75	0.9	346.66	234.00	112.66
阿热勒支渠	2 515.89	0.80	0.75	0.9	503.18	339.64	163.54
琼库勒支渠	2 816.26	0.75	0.75	0.9	704.06	475.24	228.82
英吾斯塘支渠	4 276.79	0.89	0.75	0.9	470.45	317.55	152.90
巴格艾日克支渠	2 158.83	0.73	0.75	0.9	582.88	393.45	189.43
托格拉克勒克支渠	2 417.73	0.75	0.75	0.9	604.43	407.99	196.44
治沙站支渠	247.28	0.85	0.75	0.9	37.09	25.04	12.05
恰瓦勒墩支渠	4 453.76	0.73	0.75	0.9	1 202.52	811.70	390.82
阔什萨特玛支渠	4 319.07	0.85	0.75	0.9	647.86	437.31	210.55
阿克提坎墩支渠	2 991.01	0.91	0.75	0.9	269.19	181.70	87.49
尤干墩开发区支渠	62.66	0.85	0.75	0.9	9.41	6.34	3.07
塔提让支渠	2 353.65	0.87	0.75	0.9	305.97	206.53	99.44
合计	30 558.98				5 784.63	3 904.62	1 880.01

表 4.3-6 地表水田间入渗、蒸发量计算表

埋深/m	田间 入渗系数	面积/km²	农田进水量/ (10^4 m³·a⁻¹)	入渗量/ (10^4 m³·a⁻¹)	蒸发量/ (10^4 m³·a⁻¹)
<1	0.35	0.00	0.00	0.00	0.00
1~3	0.30	119.34	6 516.02	1 954.81	4 561.21
3~6	0.20	216.09	11 799.86	2 359.97	9 439.89
≥6	0.15	118.27	6 458.47	968.77	5 489.70
合计		453.68	24 774.35	5 283.55	19 490.80

水文站至塔提让桥段：根据《新疆车尔臣河流域综合规划（2009版）》，结合巴州水文水资源勘测局的观测成果，车尔臣河从且末水文站至塔提让大桥之间总计55.5 km，平均每千米损失率为0.046%。

车尔臣河且末水文站断面多年平均径流量为59 010.00×10⁴ m³/a，灌区革命大渠龙口多年平均引水量为16 375.05×10⁴ m³/a，河道余水量为42 634.95×10⁴ m³/a，河道每千米平均输水损失率按0.046%计算，水文站以下10.9 km为第二引水枢纽，该段河道的损失量为213.77×10⁴ m³/a。

第二引水枢纽多年平均引水量为14 314.12×10⁴ m³/a，第二引水枢纽断面的河道水量为28 107.05×10⁴ m³/a，河道每千米平均输水损失率按0.046%计算，第二引水枢纽以下25.1 km为第三引水枢纽，该段河道的损失量为324.52×10⁴ m³/a。

第三引水枢纽塔提让干渠多年平均引水量为2 769.00×10⁴ m³/a，第二引水枢纽以下开始有排碱渠流入河道，排泄入河道的水量约为10 500.00×10⁴ m³/a，本次排泄水量概化至第三引水枢纽断面，第三引水枢纽断面的河道水量为35 513.52×10⁴ m³/a，河道每千米平均输水损失率按0.046%计算，第三引水枢纽以下19.5 km为塔提让大桥断面，该段河道的损失量为318.56×10⁴ m³/a。

车尔臣河水文站断面至塔提让大桥断面，扣除渠道引水量，加上排碱渠入河水量，总计损失水量为856.85×10⁴ m³/a。且末水文站断面至塔提让大桥断面段河道距离为55.5 km。本区大量引用地表水灌溉，使得河流两岸地下水获得补给，局部地下水位高于河道水面，该区部分河道有排泄地下水作用，该段河道水量损失多为蒸发损失。本区多年平均水面蒸发1 526.2 mm/a（E_{601}），河道长55.5 km，河道水面有效平均宽度为130 m，则河道水面蒸发量为55.5 km×130 m×1.526 2 m/a＝1 101.153 3×10⁴ m³/a。根据《新疆地下水资源》，车尔臣河的河岸浸润损失系数基本为水面蒸发系数的3倍，则车尔臣河水文站断面至塔提让大桥断面河段，蒸发浸润损失量约为3 303.46×10⁴ m³/a。

水文站至塔提让大桥断面段河道蒸发量大于河道损失水量，说明该段河道地下水排泄入河道水量大于河道渗漏地下水的量。入渗和排泄抵消后，地下水排泄入河道水量为3 303.46×10⁴－856.85×10⁴＝2 446.61×10⁴ m³/a。

塔提让大桥断面的河道水量为35 194.97×10⁴ m³，塔提让大桥以下断面基本无渠道引水，该段河道南侧接受地下水的补给，北侧地下水侧向流出。根据塔里木河流域管理局2022年在塔提让大桥和车尔臣河入湖口处一年的实测资料，塔提让大桥至车尔臣河入湖口处，每千米径流损失率约为0.286 8%，塔提让大桥以下50.5 km为三苇厂，即均衡区边界，该段河道的损失量约为5 097.87×10⁴ m³。则该段河道渗漏量约为3 823.40×10⁴ m³，河道蒸发浸润损失量约为1274.47×10⁴ m³。

综上所述，三苇厂处河道下泄水量为30 097.10×10⁴ m³，车尔臣河出山口断面至三苇厂断面，河道渗漏补给地下水量约为27 776.61×10⁴ m³，河道蒸发浸润损失量约为11 667.38×10⁴ m³，地下水排泄入河道水量为2 446.61×10⁴ m³。车尔臣河出山口断面至三苇厂断面水量运行节点示意图见图4.3-2。

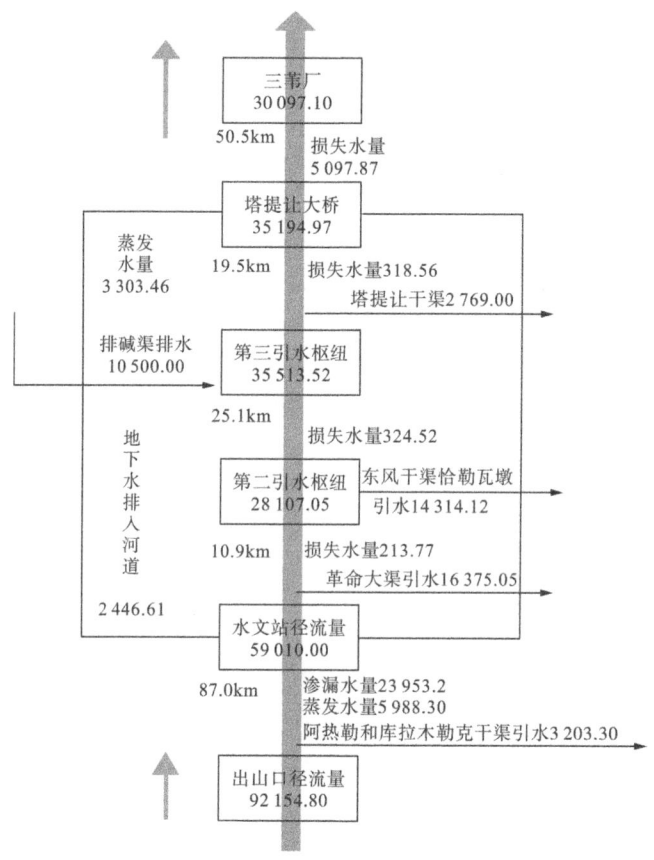

图 4.3-2 车尔臣河水量运行节点示意图(单位：10^4 m³/a)

b. 其他河流沟谷渗漏补给量。

河道渗漏量计算式为

$$Q_{河渗}=(Q_{河径}-Q_{引})\times \alpha \tag{4.3-7}$$

式中：$Q_{河渗}$是河流渗漏量(10^4 m³/a)；$Q_{河径}$是河流径流量(10^4 m³/a)；$Q_{引}$是引水量(10^4 m³/a)；α 是渗漏系数。

其他河道渗漏补给量计算结果见表 4.3-7，渗漏量为 1 544.38×10^4 m³/a，蒸发量为 386.09×10^4 m/a。

经计算，车尔臣河沿途河道渗漏补给量为 29 320.99×10^4 m³/a，蒸发量为 12 053.46×10^4 m³/a。

④暴雨洪流入渗量($Q_{洪渗}$)。暴雨洪流入渗量计算式为

$$Q_{洪渗}=Q_{洪}\times \alpha \tag{4.3-8}$$

式中：$Q_{洪渗}$是暴雨洪流入渗量(10^4 m³/a)；$Q_{洪}$是暴雨洪流量(10^4 m³/a)；α 是暴雨洪流入渗系数，入渗系数参照《新疆地下水资源》取值 0.75。

南部山区进入均衡区无汇流区的暴雨洪流量为 809.94×10^4 m³/a。计算采用入渗系数法，则南部山区无汇流区暴雨洪流入渗量为 607.46×10^4 m³/a(表 4.3-8)。

表 4.3-7　其他河道渗漏补给量计算结果表

河流名称	河流径流量/ (10^4 m³·a⁻¹)	引水量/ (10^4 m³·a⁻¹)	河道水量/ (10^4 m³·a⁻¹)	渗漏系数	渗漏量/ (10^4 m³·a⁻¹)	蒸发量/ (10^4 m³·a⁻¹)
塔特勒克苏沟	203.80	0.00	203.80	0.80	163.04	40.76
哈迪勒克萨依	668.88	0.00	668.88	0.80	535.10	133.78
木纳尔布拉克艾肯	136.22	0.00	136.22	0.80	108.98	27.24
库拉木勒克萨依	85.71	0.00	85.71	0.80	68.57	17.14
阿克亚艾肯	75.68	0.00	75.68	0.80	60.54	15.14
依散干萨依	479.01		479.01	0.80	383.21	95.80
阿羌萨依	281.17	0.00	281.17	0.80	224.94	56.23
合计	1 930.47	0	1 930.47		1 544.38	386.09

表 4.3-8　车尔臣河流域山前无汇流区暴雨洪流入渗量计算表

沟谷名称	径流量/ (10^4 m³·a⁻¹)	入渗系数	入渗量/ (10^4 m³·a⁻¹)	蒸发量/ (10^4 m³·a⁻¹)
阿尔金山	809.94	0.75	607.46	202.48

⑤水库的渗漏与蒸发。均衡区内水库为跃进水库，为平原注入式小二型水库，总库容为 50×10^4 m³，引水来源为工程支队支干渠，主要为萨尔瓦敦开发区及 37 团提供灌溉用水，调节控制灌溉面积为 333.33×10^4 m³。水库渗漏量为 15.00×10^4 m³/a，蒸发量为 31.52×10^4 m³/a(表 4.3-9)。

表 4.3-9　水库渗漏、蒸发量计算表

地区	名称	库容/ (10^4 m³)	渗漏系数	蒸发量(E601)/ (mm·a⁻¹)	水库渗漏量/ (10^4 m³·a⁻¹)	水库蒸发量/ (10^4 m³·a⁻¹)	水库损失量/ (10^4 m³·a⁻¹)
37 团	跃进水库	50	0.30	1526.20	15.00	31.52	46.52

(2)地下水的运行与转化。

①井灌入渗量。机井开采的地下水通过灌溉渗漏补给地下水，生活和工业用水对地下水的入渗补给量可忽略不计。根据本研究及且末水管站最新统计资料，研究区内且末县共有机井1038眼，可正常使用的机井930眼，2019年取地下水量为 $9\,457\times10^4$ m³。37 团共有机电井82眼，均配备井电双控设备，37 团 2019年取地下水量为 $1\,212\times10^4$ m³。井灌入渗系数取0.25，该系数包含了斗渠和农渠的渗漏量。经计算均衡区人工开采入渗补给量为 $2\,458.00\times10^4$ m³/a。37 团及且末县各行业地下水开采量见表 4.3-10，其中农业灌溉量含治沙站用水量。

表 4.3-10　人工开采入渗补给量计算表

项目	农业灌溉/ (10^4 m³·a⁻¹)	生活用水/ (10^4 m³·a⁻¹)	工业用水/ (10^4 m³·a⁻¹)	小计/ (10^4 m³·a⁻¹)	入渗系数	井灌入渗量/ (10^4 m³·a⁻¹)	蒸发量/ (10^4 m³·a⁻¹)
37团	1 113.00	81.00	18.00	1 212.00	0.25	278.25	933.75
且末县	8 719.00	517.00	221.00	9 457.00	0.25	2 179.75	7 277.25
合计	9 832.00	598.00	239.00	10 669.00		2 458.00	8 211.00

②潜水蒸发量。区内地下水位埋深小于 6 m 区范围较大,主要分布在均衡区北部平原绿洲区和车尔臣河南侧的区域。地下水浅埋区植被发育,主要有红柳、芦苇等耐旱植物,野生植被覆盖率为 10%~40%。

潜水蒸发量的计算式来自《新疆地下水资源》。裸地潜水蒸发量计算式为

$$E = 10^{-1} \cdot E_{601} \cdot C \cdot F \quad (4.3-9)$$

式中,E 是裸地条件下潜水蒸发量(10^4 m³/a);E_{601} 是全年水面蒸发量(mm/a),采用 E601 型蒸发器的观测值,且末气象局测得多年平均值为 1 526.20 mm/a;C 是裸地条件下潜水蒸发系数;F 是计算区面积(km²)。

灌区潜水蒸发蒸腾量计算式为

$$E_{cg} = 10^{-1} \cdot E_{601} \cdot C \cdot F \left(C' \cdot \frac{E_{601.1}}{E_{601}} - \frac{E_{601.1}}{E_{601}} + 1 \right) \quad (4.3-10)$$

式中,E_{cg} 是灌区潜水蒸发量(10^4 m³/a);C' 是农作物覆盖条件下(覆盖率取 90%)潜水蒸发植被状况修正系数;$E_{601.1}$ 是农作物拔节、灌浆、成熟期(5—7 月)水面蒸发量(mm/a),为 674.93 mm/a。

非灌区潜水蒸发蒸腾量计算式为

$$E_{ng} = 10^{-1} \cdot E_{601} \cdot C \cdot F \cdot C'' \quad (4.3-11)$$

式中,E_{ng} 是非灌区植被区潜水蒸发蒸腾量(10^4 m³/a);C'' 是植被覆盖条件下潜水蒸发植被状况修正系数。

均衡区内灌区潜水蒸发蒸腾量计算结果见表 4.3-11。通过计算,灌区作物蒸发蒸腾量为 219.13×10^4 m³/a,裸地蒸发蒸腾量为 2 298.61×10^4 m³/a,灌区潜水蒸发量为 2 517.74×10^4 m³/a。均衡区内非灌区潜水蒸发蒸腾量计算结果见表 4.3-12。通过计算,非灌区植被蒸发蒸腾潜量为 4 466.63×10^4 m³/a,裸地蒸发潜量为 18 296.86×10^4 m³/a,非灌区潜水蒸发量为 22 763.49×10^4 m³/a。

③天然林蒸腾量($Q_{蒸}$)。经过本次工作实地勘察和访问调查,均衡区内地下水位埋深大于 6 m 区,目前在且末县境内分布有 1100×10^4 m² 胡杨、怪柳(红柳)防风固沙林。根据林业部门有关资料,中高天然林地成年林蒸腾地下水量约为 0.9 m³/(a·m²)。通过调查,林地覆盖率约为 40%,则区内天然林地蒸腾地下水量 $Q_{蒸} = 1100 \times 10^4 \times 0.9 \times 40\% = 396 \times 10^4$ m³/a。

④排碱渠排水量。均衡区内现状农田排水措施均为明沟排水。灌区内有干排 5 条。根据调查访问及前人资料,现状年且末县均衡区各乡镇排水渠年总排水量为 10 500×10^4 m³。

主要分布在绿洲灌区中下游,没有利用,由于均衡区农田多分布在车尔臣河的近两岸,排渠水量主要排向相对较低的车尔臣河河道。

表 4.3-11 灌区潜水蒸发量、作物蒸发蒸腾量计算结果表

水位埋深/m	E_{601}/(mm·a^{-1})	$E_{601.1}$/(mm·a^{-1})	C	F/km²	C'	作物蒸发蒸腾量/(10⁴ m³·a^{-1})	裸地蒸发量/(10⁴ m³·a^{-1})	E_{cg}/(10⁴ m³·a^{-1})
<1	1 526.20	674.93	0.55	0.00	1.50	0.00	0.00	0.00
1~3	1 526.20	674.93	0.09	119.33	1.25	181.21	1639.03	1820.24
3~6	1 526.20	674.93	0.02	216.08	1.13	37.92	659.58	697.50
>6	1 526.20	674.93	0.00	118.27	1.00	0.00	0.00	0.00
合计				453.68		219.13	2 298.61	2 517.74

表 4.3-12 非灌区潜水蒸发量、植被蒸发蒸腾量计算结果表

水位埋深/m	E_{601}/(mm·a^{-1})	C	F/km²	C'	植被蒸发蒸腾量/(10⁴ m³·a^{-1})	裸地蒸发量/(10⁴ m³·a^{-1})	E_{ng}/(10⁴ m³·a^{-1})
<1	1 526.20	0.55	15.65	1.32	420.41	1 313.77	1 734.18
1~3	1 526.20	0.09	899.65	1.29	3 583.65	12 357.42	15 941.07
3~6	1 526.20	0.02	1 515.42	1.10	462.57	4 625.67	5 088.24
>6	1 526.20	0.00	10572.29	1.00	0.00	0.00	0.00
合计			13 003.01		4 466.63	18 296.86	22 763.49

3)出区水量

(1)地表水出区量。

车尔臣河出山口后经各级渠道引水,除了沿途渗漏及河水面蒸发外,其他则由河道流向下游,根据前述研究计算流出均衡区地表水量为 30 097.10×10⁴ m³/a。

(2)地下水出区量($Q_{侧出}$)。 (4.3-12)

均衡计算区的地下水侧向排泄量计算断面有4个断面,分别是东边界的 AB 断面和北边界的 BC、CD、DE 断面。计算断面见均衡区划分图(附图23),采用式(4.3-2)进行计算,式中 $Q_{潜流}$ 改成 $Q_{侧出}$,即地下水侧向流水量。

计算结果见表 4.3-13。地下水流出均衡区边界的水量总计 2 389.62×10⁴ m³/a。

(3)出区总水量。

出区总水量包括地表水出区量和地下水侧向流出量,则区内流出均衡区的地表水与地下水的总量为 32 486.72×10⁴ m³/a。

表 4.3-13 地下水侧向流出量计算结果表

断面编号	渗透系数 $K/$ $(m \cdot d^{-1})$	断面长度 L/m	含水层厚度 M/m	水力坡度 $I/\%$	夹角 $\alpha/(°)$	出区水量 $Q_{侧出}/$ $(10^4 \ m^3/a)$
AB	4.46	37 429	74	0.18	19.1	766.92
BC	4.46	40 946	90	0.19	70.2	386.09
CD	4.46	36 377	90	0.122	70.9	212.76
DE	5.37	38 278	90	0.2	40.7	1 023.85
合计						2 389.62

4.3.2 水均衡计算分析

(1)进区总水量(W_a)。

根据上述计算分析,进区总水量 $W_a = 134\ 144.32 \times 10^4 \ m^3/a$。

(2)区内消耗量(W_b)。

根据上述计算分析,区内消耗水量及各类蒸发蒸腾总量合计 $W_b = 104\ 098.42 \times 10^4 \ m^3/a$。

(3)出区总水量(W_c)。

根据上述计算分析,出区总水量 $W_c = 32\ 486.72 \times 10^4 \ m^3/a$。

(4)水均衡分析。

根据上述计算分析,水均衡分析结果见图 4.3-3。水均衡计算结果:$W_a - W_b - W_c = 134\ 144.32 \times 10^4 - 104\ 098.42 \times 10^4 - 32\ 486.72 \times 10^4 = -2\ 440.82 \times 10^4 \ m^3/a$。

现状年均衡区呈现均衡状态,均衡差 $-2\ 440.82 \times 10^4 \ m^3/a$ 为计算误差。

(5)地下水均衡分析。

根据地下水位监测资料和分析计算,均衡区呈现均衡状态,即 $\Delta W \approx 0$。

据表 4.3-14,车尔臣河流域平原地下水补给量为 $50\ 342.81 \times 10^4 \ m^3/a$,地下水排泄量为 $52\ 783.62 \ m^3/a$。

表 4.3-14 车尔臣河流域平原区地下水资源补排平衡表

补给项	补给量/$(10^4 \ m^3 \cdot a^{-1})$	排泄项	排泄量/$(10^4 \ m^3 \cdot a^{-1})$
河谷潜流	453.35	灌区裸地潜水蒸发量	2 298.61
基岩裂隙水	4 212.04	灌区作物蒸发蒸腾量	219.13
暴雨洪流入渗量	607.46	非灌区裸地潜水蒸发量	18 296.87
河道渗漏补给量	29 321.00	植被蒸发蒸腾量	4 862.63
渠道渗漏补给量	7 992.41	人工开采量	10 669.00
田间入渗补给量	5 283.55	河道排泄量	14 047.76
井灌入渗补给量	2 458.00	地下水侧向流出量	2 389.62
水库渗漏补给量	15.00		
合计	50 342.81	合计	52 783.62
均衡差		−2 440.81	

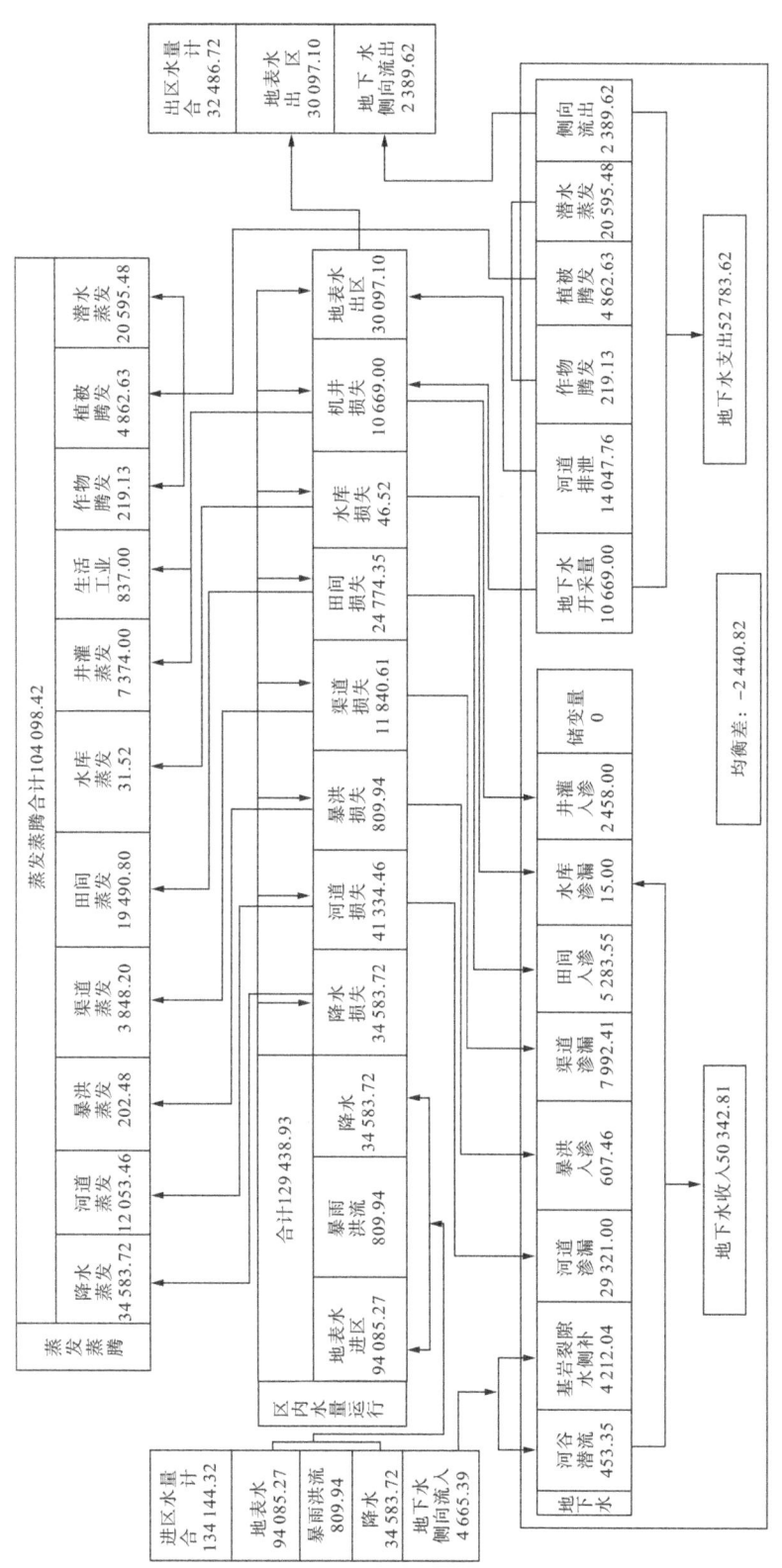

图 4.3-3　车尔臣河流域平原区水均衡框图（单位：10^4 m³/a）

4.3.3 地下水均衡结果校验

根据水利部水利水电规划设计总院 2017 年编制的《全国第三次水资源调查评价技术细则》,一般以Ⅱ级类型区套水资源三级区再套省级行政区为单元(含区内矿化度 $M \leqslant 2 \mathrm{~g/L}$ 的计算单元和矿化度 $M > 2 \mathrm{~g/L}$ 的计算单元)进行水均衡分析,并计算相对均衡差,以校验各项补给量、排泄量及地下水蓄变量计算成果的可靠性。无计算误差的水均衡公式为

$$Q_{总补} - Q_{总排} = \Delta W \tag{4.3-13}$$

考虑计算误差后,水均衡公式为

$$X = Q_{总补} - Q_{总排} - \Delta W \tag{4.3-14}$$

$$\delta = X/Q_{总补} \times 100\% \tag{4.3-15}$$

式中,$Q_{总补}$、$Q_{总排}$、ΔW、X 分别为多年平均地下水总补给量、地下水总排泄量、地下水蓄变量、绝对均衡差,单位均为 $10^4 \mathrm{~m}^3$;δ 为多年平均相对均衡差(无量纲,用百分数表示)。

当 $|\delta| \leqslant 15\%$ 时,各计算单元的各项补给量、各项排泄量及地下水蓄变量即可确定;当 $|\delta| > 15\%$ 时,则需要对计算单元的各项补给量、各项排泄量及地下水蓄变量进行核算,必要时,对相关水文地质参数重新定量,直到满足 $|\delta| \leqslant 15\%$ 的要求。

车尔臣河流域平原区地下水均衡计算结果:$X = Q_{总补} - Q_{总排} - \Delta W = 50\,342.81 \times 10^4 - 52\,783.62 \times 10^4 - 0 = -2\,440.81 \times 10^4 \,(\mathrm{m}^3/\mathrm{a})$。

$$\delta = X/Q_{总补} \times 100\% = 2\,440.81 \times 10^4 \div 50\,342.80 \times 10^4 \times 100\% = 4.85\% \leqslant 15\%$$

δ 的计算结果说明地下水各项补给量、排泄量及地下水蓄变量计算误差满足精度要求。

4.4 平原区地下水资源量与可开采量评价

4.4.1 地下水资源评价

根据水均衡法计算的研究区的水资源量计算结果,对车尔臣河流域平原区的地下水资源进行评价。

通过水均衡法对均衡区的水资源量计算分析可知,现状年南部山区河流进入区内地表水量为 $94\,895.21 \times 10^4 \mathrm{~m}^3/\mathrm{a}$,其中河谷径流流入量为 $94\,085.27 \times 10^4 \mathrm{~m}^3/\mathrm{a}$,山前无汇流区暴雨洪流流入量为 $809.94 \times 10^4 \mathrm{~m}^3/\mathrm{a}$,除车尔臣河有 $30\,097.10 \times 10^4 \mathrm{~m}^3/\mathrm{a}$ 流出均衡区外,大部分在均衡区内以入渗、蒸发的形式消耗。

均衡区地下水总补给量为 $50\,342.81 \times 10^4 \mathrm{~m}^3/\mathrm{a}$,主要补给量为河道沿途渗漏补给、井灌入渗补给,渠道沿途渗漏补给、河谷潜流量。区内河道渗漏补给量为 $29\,321.00 \times 10^4 \mathrm{~m}^3/\mathrm{a}$,约占地下水总补给量的 58.24%;渠道沿途渗漏补给量为 $7\,992.41 \times 10^4 \mathrm{~m}^3/\mathrm{a}$,约占地下水总补给量的 15.88%;田间入渗补给量为 $5\,283.55 \times 10^4 \mathrm{~m}^3/\mathrm{a}$,约占地下水总补给量的 10.50%;井灌入渗补给量为 $2\,458.00 \times 10^4 \mathrm{~m}^3/\mathrm{a}$,约占地下水总补给量 4.88%;基岩裂隙水补给量为 $4\,212.04 \times 10^4 \mathrm{~m}^3/\mathrm{a}$,约占地下水总补给量的 8.37%;河谷潜流入渗补给量为

453.35×10^4 m³/a,约占地下水总补给量的 0.90%;水库入渗补给量为 15.00×10^4 m³/a,约占地下水总补给量的 0.03%。

从上述分析可看出,在地下水的补给量中,河道渗漏补给是区内地下水的主要补给来源,所占比例较大,反映出了目前河流地表水的利用率较低。

均衡区内地下水总排泄量为 $52\,783.62\times10^4$ m³/a。在地下水排泄量中,潜水蒸发量为 $20\,595.48\times10^4$ m³/a,约占总排泄量的 39.02%;河道排泄地下水量为 $14\,047.76\times10^4$ m³/a,约占总排泄量的 26.61%;地下水开采量为 $10\,669.00\times10^4$ m³/a,约占总排泄量的 20.21%;作物及野生植被蒸发蒸腾地下水量为 $5\,081.76\times10^4$ m³/a,约占总排泄量的 9.63%。

地下水排泄量中,以潜水蒸发量和河道排泄地下水量为主,说明区内地下水位埋藏较浅,由此形成灌区内的土壤次生盐渍地。

根据《全国水资源评价技术细则》,计算地下水资源量时,仅对矿化度 $M\leqslant2$ g/L 的区域进行地下水资源量计算,对于 $M>2$ g/L 的区域仅进行地下水补给量的计算,不将其作为地下水资源量。按《全国第三次水资源调查评价技术细则》,可根据各项补给量、排泄量模数,采用面积加权法计算补排量。对 $M\leqslant2$ g/L 的区域,地下水总补给量扣除井灌回归补给量后,作为地下水资源量。对于 $M>2$ g/L 的区域,以降水入渗补给量、地表水体补给量这两项补给量之和(即扣除井灌回归后的补给量)作为地下水总补给量。

根据水均衡计算结果,地下水总补给量为 $50\,342.81\times10^4$ m³/a,井灌回归量为 $2\,458.00\times10^4$ m³/a,扣除井灌回归量的总补给量为 $47\,881.81\times10^4$ m³/a,均衡区面积为 $13\,456.70$ km²,扣除井灌回归量的补给模数为 3.67×10^4 m³/(km²·a),均衡区地下水资源量为 $38\,166.86\times10^4$ m³/a,$M>2$ g/L 的地下水补给量为 $10\,278.70\times10^4$ m³/a,均衡区地下水资源量($M\leqslant2$ g/L)及地下水补给量($M>2$ g/L)计算见表 4.4-1。

表 4.4-1 均衡区地下水资源量及地下水补给量计算表

均衡区面积/km²	计算面积/km²		扣除回归补给模数/[10⁴ m³·(km²·a)⁻¹]	地下水资源量/(10⁴ m³·a⁻¹)	地下水补给量/(10⁴ m³·a⁻¹)
13 456.70	$M\leqslant2$ g/L	$M>2$ g/L	3.67	$M\leqslant2$ g/L	$M>2$ g/L
	10 386.73	3 069.97		38 166.86	10 278.70

按水资源分区及车尔臣河的绿洲区面积分解各利用分区的资源量。绿洲区 $M\leqslant2$ g/L 的地下水资源量计算结果见表 4.4-2。绿洲区 $M>2$ g/L 的地下水补给量计算结果见表 4.4-3。

经计算,绿洲区矿化度 $M\leqslant2$ g/L 的面积为 $1\,898.00$ km²,地下水资源量为 $38\,166.86\times10^4$ m³/a。其中第一分水枢纽且末县区面积为 811.98 km²,地下水资源量为 $17\,602.37\times10^4$ m³/a;第二分水枢纽且末县区面积为 344.82 km²,地下水资源量为 $5\,806.15\times10^4$ m³/a;37团面积为 112.03 km²,地下水资源量为 $2\,583.86\times10^4$ m³/a;其他未利用面积为 629.17 km²,地下水资源量为 $12\,174.48\times10^4$ m³/a。

表 4.4-2　绿洲区按水资源利用分区地下水资源计算表（$M \leq 2g/L$）

富水性/[m³·(h·m)⁻¹]	面积统计/km²				地下水资源模数/[10⁴ m³·(km²·a)⁻¹]	地下水资源量/(10⁴ m³·a⁻¹)				
	第一分水板纽且末县区	第二分水板纽且末县区	37团	其他未利用区	合计		第一分水板纽且末县区	第二分水板纽且末县区	37团	其他未利用区	合计
1~5	0.00	77.14	0.00	0.05	77.19	9.05	0.00	698.04	0.00	0.45	698.50
5~10	174.33	155.05	2.25	340.73	672.36	16.09	2 804.48	2 494.32	36.20	5 481.39	10 816.38
>10	637.65	112.63	109.78	288.39	1 148.45	23.21	14 797.89	2 613.79	2 547.66	6 692.64	26 651.98
合计	811.98	344.82	112.03	629.17	1 898.00		17 602.37	5 806.15	2 583.86	12 174.48	38 166.86

表 4.4-3　绿洲区按水资源利用分区地下水补给量计算表（$M > 2g/L$）

富水性/[m³·(h·m)⁻¹]	面积统计/km²				地下水资源模数/[10⁴ m³·(km²·a)⁻¹]	地下水资源量/(10⁴ m³·a⁻¹)				
	第一分水板纽且末县区	第二分水板纽且末县区	37团	其他未利用区	合计		第一分水板纽且末县区	第二分水板纽且末县区	37团	其他未利用区	合计
1~5	0.00	5.63	0.00	0.00	5.63	3.30	0.00	18.58	0.00	0.00	18.58
5~10	213.79	120.17	0.01	81.62	415.59	5.77	1 234.58	693.95	0.06	471.33	2 399.92
>10	35.27	54.39	0.50	734.58	824.74	9.53	336.14	518.36	4.77	7 000.93	7 860.20
合计	249.06	180.19	0.51	816.20	1 245.96		1 570.72	1 230.89	4.83	7 472.26	10 278.70

绿洲区矿化度 $M>2$ g/L 的面积为 1 245.96 km², 矿化度 $M>2$ g/L 地下水补给量为 10 278.70×10⁴ m³/a。其中第一分水枢纽且末县区面积为 249.06 km², 矿化度 $M>2$ g/L 地下水补给量为 1 570.72×10⁴ m³/a; 第二分水枢纽且末县区面积为 180.19 km², 矿化度 $M>2$ gL 地下水补给量为 1 230.89×10⁴ m³/a; 37 团面积为 0.51 km², 矿化度 $M>2$ g/L 地下水补给量为 4.83×10⁴ m³/a; 其他未利用区面积为 816.20 km², 矿化度 $M>2$ g/L 地下水补给量为 7 472.26×10⁴ m³/a。

综上所述,第一分水枢纽且末县绿洲区面积为 1 061.04 km², 矿化度 $M \leqslant 2$ g/L 的地下水资源量为 17 602.37×10⁴ m³/a, 矿化度 $M>2$ g/L 的地下水补给量为 1 570.72×10⁴ m³/a; 第二分水枢纽且末县绿洲区面积为 525.01 km², 矿化度 $M \leqslant 2$ g/L 的地下水资源量为 5 806.15×10⁴ m³/a, 矿化度 $M>2$ g/L 的地下水补给量为 1 230.89×10⁴ m³/a; 37 团面积为 112.54 km², 矿化度 $M \leqslant 2$ g/L 的地下水资源量为 2 583.86×10⁴ m³/a, 矿化度 $M>2$ g/L 的地下水补给量为 4.83×10⁴ m³/a; 其他未利用绿洲区面积为 1 445.37 km², 矿化度 $M \leqslant 2$ g/L 的地下水资源量为 12 174.48×10⁴ m³/a, 矿化度 $M>2$ g/L 的地下水补给量为 7 472.26×10⁴ m³/a。

4.4.2 地下水可开采量评价

本次采用《新疆地下水资源》中提到的经验公式法、可开采系数法,以及第三次水资源调查评价中的计算方法计算地下水可开采量,对比分析后,得到更为合理的可开采量。

1)《新疆地下水资源》中的经验公式法一

对于流域而言,地下水可开采量为稳定(天然)侧向补给量与 min[引入流域地表水总量的 17%,流域转化补给量的 38%]之和(或者地下水可开采量占流域总补给量的 59%)。

流域总补给量 50 342.81×10⁴ m³/a 的 59% 为 25 180.40×10⁴ m³/a, 根据经验公式法一计算的地下水可开采量的两个值分别为 16 167.63×10⁴ m³/a 和 25 180.40×10⁴ m³/a, 考虑到车尔臣河流域地表水资源较丰富,开发利用程度较低,优先开发利用地表水,地下水可开采量取 16 167.63×10⁴ m³/a(表 4.4-4)。

表 4.4-4　采用经验公式法一计算的地下水可开采量　　　　　　　单位:10⁴ m³/a

	稳定的天然侧向补给量	5 272.84
取小值	引入地表水总量的 17%	10 894.79
	转化补给量的 38%	17 126.58
	地下水可开采量	16 167.63

2)《新疆地下水资源》中的经验公式法二

根据《新疆地下水资源》,对于以转化补给为主的流域冲洪积平原(侧向补给量基本可以忽略),地下水可开采量=min[引入评价区总水量的(23%~25%),评价区转化补给量的 36%]。

根据表 4.4-5 的计算结果,利用《新疆地下水资源》经验公式法二计算的地下水可开采量为 15 380.88×10⁴ m³/a。

表 4.4-5 采用经验公式法二计算的地下水可开采量   单位:10⁴ m³/a

取小值	引入评价区总水量的 23%~25%	15 380.88
	评价区转化补给量的 36%	16 225.18
地下水可开采量		15 380.88

3)可开采系数法

考虑到车尔臣河流域各项水利工程建设的逐步完善,地下水转化补给量减少的缓慢性,地下水位高和土壤盐渍化的严重性,以及地下水开采的调蓄功能等三大作用(增水、降盐、调蓄),地下水开采量将随水利化标准的提高而逐步减少,增水和降盐的作用趋于稳定,调蓄功能逐步增强。根据车尔臣河流域的特殊情况,既要考虑该流域作为塔克拉玛干沙漠南缘绿洲区的屏障作用,又要考虑绿洲区内的土地盐渍化问题,参考《新疆地下水资源》中塔里木盆地各流域的可开采系数 0.4,本次车尔臣河流域可开采系数也取 0.4。

(1)地下水资源可开采量(矿化度 M≤2 g/L)。

车尔臣河流域地下水矿化度 M≤2 g/L 的总补给量为 40 064.10×10⁴ m³/a,可开采系数取 0.4,则地下水矿化度 M≤2 g/L 的可开采量为 16 025.64×10⁴ m³/a。

(2)地下水可利用量计算(不分矿化度)。

车尔臣河流域地下水总补给量为 50 342.81×10⁴ m³/a,可开采系数取 0.4,则地下水不区分矿化度的可利用量约为 20 137.12×10⁴ m³/a。

4)第三次全国水资源调查评价中的计算方法

(1)地下水资源可开采量(矿化度 M≤2 g/L)。

根据《全国第三次水资源调查评价技术细则》,地下水可开采量是指在保护生态环境和地下水资源可持续利用的前提下,通过经济合理、技术可行的措施,在近期下垫面条件下可从含水层中获取的最大水量。可开采量评价仅对平原区矿化度 M≤2 g/L 的浅层地下水进行。

《全国第三次水资源调查评价技术细则》中附件"平原区地下水可开采量计算方法"(试行)给出了西北内陆区非生态脆弱区地下水可开采量的计算公式。

$$W_{可开采量} = \min[W_{总补给量} - \Omega \cdot W_{不允许袭夺排泄量}, 0.9 \times W_{总补给量}] \quad (4.4-1)$$

$$W_{总补给量} = W_{降水入渗补给量} + W_{山前侧向补给量} + W_{地表水体补给量} + W_{井灌回归补给量} + W_{其他补给量} \quad (4.4-2)$$

$$W_{不允许袭夺排泄量} = W_{潜水蒸发量} + W_{河道排泄量} + W_{侧向流出量} + W_{湖库排泄量} + W_{其他排泄量} \quad (4.4-3)$$

式中,Ω 为不允许袭夺系数,取值见表 4.4-6,本次计算 Ω 取 0.6。本次分别计算出各区 $W_{总补给量} - \Omega \cdot W_{不允许袭夺排泄量}$ 及 $0.9 \times W_{总补给量}$,取小值作为地下水资源可开采量。

表 4.4-6　不允许袭夺系数取值范围表

现状开采情况	现状地下水埋深情况	现状开采条件	不允许袭夺系数 Ω 取值范围
$W_{实际开采量} \leqslant W_{总补给量}$	埋深≤6 m	开采条件较好,含水层分布均匀	0.3～0.5
		开采条件一般,含水层较不均匀	0.4～0.6
		开采条件较差,含水层不均匀	0.5～0.7
	埋深>6 m	开采条件较好,含水层分布均匀	0.6～0.8
		开采条件一般,含水层较不均匀	0.7～0.9
		开采条件较差,含水层不均匀	0.8～1.0
$W_{实际开采量} > W_{总补给量}$	—	—	1.0～1.2

均衡区内 $M \leqslant 2$ g/L 的地下水总补给量为 40 064.10×10⁴ m³/a。在不允许袭夺的排泄量里,潜水蒸发量为 25 677.23×10⁴ m³/a,河道排泄量为 14 047.76×10⁴ m³/a,侧向流出量为 2 389.62×10⁴ m³/a。$W_{可开采量} = \min[W_{总补给量} - 0.6 \times W_{不允许袭夺排泄量}, 0.9 \times W_{总补给量}] = \min[14 795.33×10^4, 36 057.69×10^4] = 14 795.33×10^4$ m³/a。

则车尔臣河流域 $M \leqslant 2$ g/L 的地下水资源可开采量为 14 795.33×10⁴ m³/a。

(2)地下水可利用量计算(不分矿化度)。

据本次研究,流域内机电井主要分布在流域中游的绿洲灌区,尽管部分机电井所处位置地下水质量为Ⅳ类,甚至Ⅴ类,但为满足农业生产需要,当地将抽取的地下水汇入渠道与渠水混合后能够进行灌溉,因此,在这些区域地下水仍有一定的开采价值。本次计算了在不考虑地下水矿化度的情况下的地下水可开采量。本书暂将 $M \leqslant 2$ g/L 的地下水可开采量称为"地下水资源可开采量",将未考虑矿化度计算出的地下水可开采量称为"地下水可利用量"。

地下水可利用量的计算方法仍采用《全国水资源综合规划技术细则》(试行)中平原区地下水的计算方法,但不考虑地下水矿化度。

根据本书 4.4.1 节,均衡区内部分矿化度的地下水总补给量为 50 342.81×10⁴ m³/a。在不允许袭夺的排泄量里,潜水蒸发量为 25 677.23×10⁴ m³/a,河道排泄量为 14 047.76×10⁴ m³/a,侧向流出量为 2 389.62×10⁴ m³/a。$W_{可开采量} = \min[W_{总补给量} - \Omega \cdot W_{不允许袭夺排泄量}, 0.9 \times W_{总补给量}] = \min[22 968.30×10^4, 45 308.52×10^4] = 22 968.30×10^4$ m³/a。

则车尔臣河流域不区分矿化度的地下水可利用量为 22 968.30×10⁴ m³/a。

5)车尔臣河流域平原区地下水可开采量及可利用量分析评价

4 种方法计算的车尔臣河流域地下水可开采量和可利用量的结果详见表 4.4-7。

4 种方法计算的地下水资源可开采量较为接近,考虑到车尔臣河流域地表水资源较丰富,开发利用程度较低,优先开发利用地表水,地下水可开采量取最小值,即车尔臣河流域平原区地下水资源可开采量为 14 795.33×10⁴ m³/a。同理,车尔臣河流域平原区地下水不区分矿化度的可利用量为 20 137.12×10⁴ m³/a。

表 4.4-7　车尔臣河流域平原区地下水可开采量计算结果对比表

方法	地下水资源可开采量/ (10^4 m³·a⁻¹)	地下水可利用量/ (10^4 m³·a⁻¹)
《新疆地下水资源》中的经验公式法一	16 167.63	—
《新疆地下水资源》中的经验公式法二	15 380.88	—
开采系数法	16 025.64	20 137.12
第三次水资源调查评价计算方法	14 795.33	22 968.30
推荐结果	14 795.33	20 137.12

6) 各水资源利用分区地下水可开采量及可利用量计算

(1) 各分区地下水可开采量计算。

车尔臣河流域 $M \leqslant 2$ g/L 的地下水资源可开采量为 $14\ 795.33 \times 10^4$ m³/a。根据富水性权重分别计算(表4.4-8),第一分水枢纽且末县利用区地下水资源可开采量约为 $6\ 823.53 \times 10^4$ m³/a,第二分水枢纽且末县利用区地下水资源可开采量约为 $2\ 250.75 \times 10^4$ m³/a,37团开发利用区地下水资源可开采量约为 $1\ 001.63 \times 10^4$ m³/a,且末县属其他利用区地下水资源可开采量约为 $4\ 719.42 \times 10^4$ m³/a。

表 4.4-8　车尔臣河流域绿洲平原区地下水资源可开采量计算表($M \leqslant 2$ g/L)

分区	面积/km²	可开采模数/ [10^4 m³·(km²·a)⁻¹]	地下水资源可开采量/ (10^4 m³·a⁻¹)
第一分水枢纽且末县区	811.98	8.40	6 823.53
第二分水枢纽且末县区	344.82	6.53	2 250.75
37团	112.03	8.94	1 001.63
其他未利用区	629.17	7.50	4 719.42
合计	1 898.00		14 795.33

(2) 各分区地下水可利用量计算。

车尔臣河流域不区分矿化度的地下水可利用量为 $20\ 137.12 \times 10^4$ m³/a。根据富水性权重分别计算(表4.4-9),第一分水枢纽且末县利用区地下水可利用量约为 $7\ 891.33 \times 10^4$ m³/a,第二分水枢纽且末县利用区地下水资源可利用量约为 $3\ 023.28 \times 10^4$ m³/a,37团开发利用区地下水资源可利用量约为 $1\ 011.83 \times 10^4$ m³/a,且末县属其他利用区地下水资源可利用量约为 $8\ 210.69 \times 10^4$ m³/a。

表 4.4-9 车尔臣河流域绿洲平原区地下水可利用量计算表(不区分矿化度)

分区	面积/km²	可开采模数/[10^4 m³·(km²·a)$^{-1}$]	地下水资源可开采量/(10^4 m³·a^{-1})
第一分水枢纽且末县区	1 061.04	7.44	7 891.33
第二分水枢纽且末县区	525.01	5.76	3 023.28
37 团	112.54	8.99	1 011.83
其他未利用区	1 445.37	5.68	8 210.69
合计	3 143.96		20 137.12

4.5 三苇厂以下河段地下水补给量

车尔臣河三苇厂至末端段河长 278 km,该区无地表水开发利用,地下水仅有零星的牧民人畜饮用水,可忽略不计。因且末县平原区年降水量很小,次降水量(有效降水量)几乎均小于 10 mm,故对区内地下水无实际补给意义。该区的地下水补给主要来自河道渗漏补给和南侧倾斜平原的侧向径流补给。

4.5.1 河道渗漏补给量

根据本书 4.3.1 节,三苇厂断面多年平均河道水量为 30 097.10×10^4 m³。根据新疆塔里木河流域管理局 2022 年在塔提让大桥和车尔臣河入湖口处的实测水量资料,2022 年塔提让大桥处水量约为 41 131×10^4 m³,入湖处断面水量约为 17 915×10^4 m³,其中 5 个苇厂年引水量约为 7 600×10^4 m³,5 个苇厂均在河道南侧的宽浅河床内,引水除少部分蒸发、入渗外,大部分回归河道。根据实测结果计算,从塔提让大桥至入湖口每千米径流损失率为 0.238%。

车尔臣河三苇厂至五苇厂段长度为 35 km,每千米径流损失率为 0.238%,三苇厂处多年平均河道水量为 30 097.10×10^4 m³/a,该段河道损失水量约为 2 507.09×10^4 m³/a,五苇厂处河道水量约为 27 590.01×10^4 m³/a。

从五苇厂至车尔臣河末端(入湖口),河长 243 km,每千米径流损失率为 0.238%,五苇厂处河道水量为 27 590.01×10^4 m³/a,该段河段较长,分五段计算损失量,5 段长度分别为 50 km、50 km、50 km、50 km、43 km,损失水量分别为 3 283.21×10^4 m³/a、2 892.51×10^4 m³/a、2 548.30×10^4 m³/a、2 245.05×10^4 m³/a、1 700.99×10^4 m³/a,5 段末端河道水量分别 24 306.80×10^4 m³/a、21 414.29×10^4 m³/a、18 865.99×10^4 m³/a、16 620.94×10^4 m³/a、14 919.95×10^4 m³/a。

从三苇厂至车尔臣河末端(入湖口)河段长 278 km,共计损失水量 15 177.15×10^4 m³/a。本区多年平均水面蒸发 1 526.20 mm/a(E601),河道长 278 km,河道水面年平均有效宽度为 55 m。则河道水面蒸发量为 278 km×55 m×1.526 2 m/a=2 333.56×10^4 m³/a。根据《新疆地下水资源》,车尔臣河的河岸浸润损失系数基本为水面蒸发系数的 3 倍,则车尔臣河三苇厂至车尔臣河末端河段,水面蒸发加河岸浸润总损失量为 9 334.24×10⁴ m³/a,河道渗漏补给量为 5 859.25×10⁴ m³/a。

根据计算结果,三苇厂至车尔臣河末端(入湖口)每千米径流损失率为 0.238%,车尔臣河入湖口处水量为 14 919.95×10⁴ m³/a。根据《车尔臣河向若羌县调水工程项目建议书》中 2018 年中国电建集团西北勘测设计研究院(简称"西北院")的实测资料,塔提让大桥至五苇厂退水口下游 17 km 处,每千米径流损失率为 0.401%,五苇厂退水口下游 17 km 至车尔臣河末端,每千米径流损失率为 0.410%,但西北院实测资料仅有 3 天,因此本次计算采用新疆塔里木河流域管理局一年的实测资料。

本次只有 2022 年的实测资料,且 2022 年为特别丰水年,出山口处径流量比多年平均多约 6 亿 m³ 水量。随着水量的增加每千米径流损失率会变小,且随着地表水量的增加,地下水补给量会增加,地下水排泄量也会相对增加,河道渗漏率会相对减少。但是在枯水年或是平水年,河道每千米径流损失率会变大。建议新疆塔里木河流域管理局能延长塔提让大桥和车尔臣河末端(入湖口)处的水量监测,待形成径流系列后重新复核车尔臣河的每千米径流损失率。

4.5.2 地下水侧向径流补给量

车尔臣河流域下游段地下水侧向补给量主要有西侧三苇厂断面的地下水侧向流入量和南侧地下水侧向流入量。车尔臣河下游南侧主要有江尕萨依、塔什萨依、瓦石峡河、若羌河。江尕萨依北部断面参考同期《江尕萨依流域综合规划水资源评价报告》中的参数,塔什萨依、瓦石峡河以及若羌河北部断面参考《新疆巴音郭楞蒙古自治州若羌县三河流域平原区地下水资源现状调查评价报告》(2019 年 11 月)中的试验数据,计算断面流入量。

计算公式采用达西公式,即式(4.3-2)进行计算。计算结果见表 4.5-1。车尔臣河流域下游段地下水侧向补给量为 6 550.32×10⁴ m³/a。

表 4.5-1 车尔臣河流域下游段地下水侧向流入量计算结果

断面	渗透系数 k/ $(m \cdot d^{-1})$	断面长度 L/m	含水层厚度 M/m	水力坡度 I/%	夹角 α/(°)	出区水量 $Q_{侧出}$/ $(10^4 m^3 \cdot a^{-1})$
AB 段	4.46	37 429	74	0.18	19.1	766.92
江尕萨依流域	7.1	19 500	85	0.42	14.5	1 746.67
江塔流域之间	3.1	13 500	85	0.33	14	415.76
塔什萨依流域	4.5	34 691	90	0.3	12	1 400.00
瓦石峡河流域	4.14	26 256	80	0.352	12	1 091.53
瓦若流域之间	4.14	10 196	80	0.344	20	144.08
若羌河流域	4.56	35 917	55	0.31	15	985.36
合计						6 550.32

4.6 地下水质量评价

4.6.1 评价原则

依据本阶段工作的目标任务,通过野外测绘与勘察,对区内不同区域、不同用途机井取水样进行试验分析,从饮用水供水及灌溉用水的目的出发,对区内地下水进行质量评价。本次评价取水样时间为2020年11月,水质检测时间为2020年12月。

4.6.2 评价标准

(1) 地下水质量分类及质量分类指标依据国家标准《地下水质量标准》(GB/T 14848—2017),地下水质量分类指标见表4.6-1。

依据我国地下水水质状况、人体健康基准值及地下水质量保护目标,并参照了生活饮用水、工业、农业用水水质要求,将地下水质量划分为5类。

Ⅰ类:地下水化学组分含量低,适用于各种用途。

Ⅱ类:地下水化学组分含量较低,适用于各种用途。

Ⅲ类:地下水化学组分含量中等,以《生活饮用水标准》(GB 5749—2022)为依据,主要适用于集中式生活饮用水水源及工、农业用水。

Ⅳ类:地下水化学组分含量较高,以农业和工业用水质量要求,以及一定水平的人体健康风险为依据,适用于农业和部分工业用水,适当处理后可作为生活饮用水。

Ⅴ类:地下水化学组分含量高,不宜作为生活饮用水水源,其他用水可根据使用目的选用。

(2) 根据《农田灌溉水质标准》(GB 5084—2021)中农田灌溉用水水质基本控制项目标准值(表4.6-2、表4.6-3),对研究区地下水水质是否满足农田灌溉水质量标准要求进行评价。

表 4.6-1 地下水质量分类指标表(据 GB/T 14848—2017)

项目序号	指标	Ⅰ类	Ⅱ类	Ⅲ类	Ⅳ类	Ⅴ类
1	色(铂钴色度单位)	≤5	≤5	≤15	≤25	>25
2	嗅和味	无	无	无	无	有
3	浑浊度/NTU	≤3	≤3	≤3	≤10	>10
4	肉眼可见物	无	无	无	无	有
5	pH值	6.5~8.5			5.5~6.5 或 8.5~9	<5.5 或 >9
6	总硬度(以 $CaCO_3$ 计)/(mg·L^{-1})	≤150	≤300	≤450	≤650	>650
7	溶解性总固体/(mg·L^{-1})	≤300	≤500	≤1000	≤2000	>2000

续表 4.6-1

项目序号	指标	Ⅰ类	Ⅱ类	Ⅲ类	Ⅳ类	Ⅴ类
8	硫酸盐/(mg·L^{-1})	≤50	≤150	≤250	≤350	>350
9	氯化物/(mg·L^{-1})	≤50	≤150	≤250	≤350	>350
10	铁/(mg·L^{-1})	≤0.1	≤0.2	≤0.3	≤2.0	>2.0
11	锰/(mg·L^{-1})	≤0.05	≤0.05	≤0.1	≤1.5	>1.5
12	铜/(mg·L^{-1})	≤0.01	≤0.05	≤1.0	≤1.5	>1.5
13	锌/(mg·L^{-1})	≤0.05	≤0.5	≤1.0	≤5.0	>5.0
14	钼/(mg·L^{-1})	≤0.001	≤0.01	≤0.07	≤0.15	>0.15
15	钴/(mg·L^{-1})	≤0.005	≤0.005	≤0.05	≤0.1	>0.1
16	挥发性酚类(以苯酚计)/(mg·L^{-1})	≤0.001	≤0.001	≤0.002	≤0.01	>0.01
17	阴离子表面活性剂/(mg·L^{-1})	不得检出	≤0.1	≤0.3	≤0.3	>0.3
18	高锰酸盐指数/(mg·L^{-1})	≤1.0	≤2.0	≤3.0	≤10	>10
19	硝酸盐(以N计)/(mg·L^{-1})	≤2.0	≤5.0	≤20	≤30	>30
20	亚硝酸盐(以N计)/(mg·L^{-1})	≤0.01	≤0.1	≤1.0	≤4.8	>4.8
21	氨氮(以N计)/(mg·L^{-1})	≤0.02	≤0.1	≤0.5	≤1.5	>1.5
22	氟化物/(mg·L^{-1})	≤1.0	≤1.0	≤1.0	≤2.0	>2.0
23	碘化物/(mg·L^{-1})	≤0.04	≤0.04	≤0.08	≤0.5	>0.5
24	氰化物/(mg·L^{-1})	≤0.001	≤0.01	≤0.05	≤0.1	>0.1
25	汞/(mg·L^{-1})	≤0.0001	≤0.001	≤0.001	≤0.002	>0.002
26	砷/(mg·L^{-1})	≤0.001	≤0.001	≤0.01	≤0.05	>0.05
27	硒/(mg·L^{-1})	≤0.01	≤0.01	≤0.01	≤0.1	>0.1
28	镉/(mg·L^{-1})	≤0.0001	≤0.001	≤0.005	≤0.01	>0.01
29	铬(六价)/(mg·L^{-1})	≤0.005	≤0.01	≤0.05	≤0.1	>0.1
30	铅(Pb)/(mg·L^{-1})	≤0.005	≤0.005	≤0.01	≤0.1	>0.1
31	铍(Be)/(mg·L^{-1})	≤0.0001	≤0.0001	≤0.002	≤0.06	>0.06
32	钡(Ba)/(mg·L^{-1})	≤0.01	≤0.1	≤0.7	≤4.0	>4.0
33	镍(Ni)/(mg·L^{-1})	≤0.002	≤0.002	≤0.02	≤0.1	>0.1
34	滴滴涕/(μg·L^{-1})	≤0.01	≤0.1	≤1.0	≤2.0	>2.0
35	六六六/(μg·L^{-1})	≤0.01	≤0.5	≤5.0	≤300	>300
36	总大肠菌群/(CFU·100mL^{-1})	≤3.0	≤3.0	≤3.0	≤100	>100
37	菌落总数/(CFU·mL^{-1})	≤100	≤100	≤100	≤1000	>1000

注：CFU 表示菌落形成单位。

表 4.6-2 农田灌溉用水水质基本控制项目标准值(据 GB 5084—2021)

序号	项目类别		作物种类		
			水田作物	旱田作物	蔬菜
1	五日生化需氧量/(mg·L^{-1})	≤	60	100	40[a],15[b]
2	化学需氧量/(mg·L^{-1})	≤	150	200	100[a],60[b]
3	悬浮物/(mg·L^{-1})	≤	80	100	60[a],15[b]
4	阴离子表面活性剂/(mg·L^{-1})	≤	5	8	5
5	水温/℃	≤	35		
6	pH 值		5.5~8.5		
7	全盐量/(mg·L^{-1})	≤	1000(非盐碱土地区),2000(盐碱土地区)		
8	氯化物/(mg·L^{-1})	≤	350		
9	硫化物/(mg·L^{-1})	≤	1		
10	总汞/(mg·L^{-1})	≤	0.001		
11	总镉/(mg·L^{-1})	≤	0.01		
12	总砷/(mg·L^{-1})	≤	0.05	0.1	0.05
13	铬(六价)/(mg·L^{-1})	≤	0.1		
14	总铅/(mg·L^{-1})	≤	0.2		
15	粪大肠菌群数/(MPN·100 mL^{-1})	≤	4000	4000	2000[a],1000[b]
16	蛔虫卵数/(个·L^{-1})	≤	2		2[a],1[b]

注:a.加工、烹调及去皮蔬菜;b.生食类蔬菜、瓜类和草本水果;MPN 表示最可能数。

表 4.6-3 生活饮用水卫生标准常规指标及限值(据 GB 5749—2022)

序号	项目类别	限值
1	砷/(mg·L^{-1})	0.01
2	镉/(mg·L^{-1})	0.005
3	铬(六价)/(mg·L^{-1})	0.05
4	铅/(mg·L^{-1})	0.01
5	氰化物/(mg·L^{-1})	0.05
6	氟化物/(mg·L^{-1})	1.0
7	硝酸盐(以 N 计)/(mg·L^{-1})	10
8	色度(铂钴色度单位)/度	15
9	浑浊度(散射浊度单位)/NTU	1
10	臭和味	无异臭、异味

续表4.6-3

序号	项目类别	限值
11	肉眼可见物	无
12	pH 值	不小于6.5且不大于8.5
13	铝/(mg·L^{-1})	0.2
14	铁/(mg·L^{-1})	0.3
15	锰/(mg·L^{-1})	0.1
16	铜/(mg·L^{-1})	1.0
17	锌/(mg·L^{-1})	1.0
18	氯化物/(mg·L^{-1})	250
19	硫酸盐/(mg·L^{-1})	250
20	总硬度(以 CaCO$_3$)/(mg·L^{-1})	450
21	高锰酸钾指数(以 O$_2$ 计)/(mg·L^{-1})	3
22	氨(以 N 计)/(mg·L^{-1})	0.5

(3)对有生活饮用水供水任务的机井水样按照《生活饮用水卫生标准》(GB 5749—2022)中的生活饮用水卫生标准常规指标及限值(表4.6-3)进行评价,本次评价不涉及国标中的其他常规指标。

现对研究区内有饮用水供水任务的地下水水质是否满足生活饮用水水质标准要求进行评价。

4.6.3 评价结果

(1)按《地下水质量标准》(GB/T 14848—2017)的评价结果。

本次勘查在车尔臣河灌区的上游库拉木勒克乡、阿热勒镇、城南水源地、37团水厂水源地、沙露供水公司附近(城区)、阿克提坎墩乡、工业园区供水井(萨尔瓦墩)、河东治沙站、和若铁路供水井(二苇厂南)、塔什萨依混凝土搅拌站各取水样1组。根据评价标准,分别进行地下水质量分类评价,评价结果见表4.6-4、表4.6-5。从分析结果看,车尔臣河灌区中上游水质较好,下游地下水水质较差。根据《地下水质量标准》(GB/T 14848—2017)中地下水质量综合评价要求,按单指标评价结果最差的类别确定地下水质量。

库拉木勒克乡、城区(沙露供排水公司附近,城南水源地)、阿克提坎墩乡、河东治沙站地下水质量好,水质综合评价优于Ⅲ类,地下水化学组分含量中等,主要适用于集中式生活饮用水水源及工、农业用水。

阿热勒镇、37团水厂水源地、工业园供水井(萨尔瓦墩)地下水质量稍差,水质综合评价为Ⅳ类,地下水化学组分含量较高,以农业和工业用水质量要求,以及一定水平的人体健康风险为依据,适用于农业和部分工业用水,适当处理后可作为生活饮用水。阿热勒镇原生活

表4.6-4 车尔臣河流域平原区地下水质量评价结果1

项目类别	S95(和若铁路边二苇厂南) 含量	类别	S104(沙露供水公司附近绿化井) 含量	类别	S105(阿克提坎墩乡生活供水井) 含量	类别	S106(库拉木勒克乡生活供水井) 含量	类别	S108(自来水厂内供水井) 含量	类别
色(铂钴色度单位)	<5	Ⅰ	<5	Ⅰ	<5	Ⅰ	<5	Ⅰ	<5	Ⅰ
嗅和味	无、咸涩	Ⅴ	无	Ⅰ	无	Ⅰ	无	Ⅰ	无	Ⅰ
浑浊度/NTU	5.49	Ⅳ			2.95	Ⅰ	2.84	Ⅰ		
肉眼可见物	极微量黄色絮状沉淀	Ⅴ	无		无	Ⅰ	无	Ⅰ	无	Ⅰ
pH值	7.69	Ⅰ	7.93	Ⅰ	7.94	Ⅰ	7.91	Ⅰ	7.95	Ⅰ
总硬度(以$CaCO_3$计)/(mg·L^{-1})	1 326.9	Ⅴ	240.3	Ⅱ	200.3	Ⅱ	250.4	Ⅱ	239.3	Ⅱ
溶解性总固体/(mg·L^{-1})	4 456.93	Ⅴ	529.58	Ⅲ	486.88	Ⅱ	547.25	Ⅲ	515.28	Ⅲ
硫酸盐/(mg·L^{-1})	1 142.12	Ⅴ	127.45	Ⅱ	107.17	Ⅱ	138.99	Ⅱ	138.89	Ⅱ
氯化物/(mg·L^{-1})	1 488.03	Ⅴ	132.82	Ⅱ	120.75	Ⅱ	127.85	Ⅱ	107.96	Ⅱ
铁/(mg·L^{-1})	<0.03	Ⅰ	<0.03	Ⅰ	<0.03	Ⅰ	<003	Ⅰ	<0.03	Ⅰ
锰/(mg·L^{-1})	0.026 0	Ⅰ	<0.01	Ⅰ	<0.01	Ⅰ	<0.01	Ⅰ	<0.01	Ⅰ
铜/(mg·L^{-1})	<0.05	Ⅰ	<0.05	Ⅰ	<0.05	Ⅰ	<0.05	Ⅰ	<0.05	Ⅰ
锌/(mg·L^{-1})	<0.05	Ⅱ	<0.05	Ⅱ	<0.05	Ⅱ	<0.05	Ⅱ	<0.05	Ⅱ
铝/(mg·L^{-1})	<0.04	Ⅰ	<0.04	Ⅰ	<0.04	Ⅰ	<0.04	Ⅰ	<0.04	Ⅰ
挥发性酚类/(mg·L^{-1})	—	Ⅱ	—	Ⅱ	—	Ⅱ	—	Ⅱ	—	Ⅱ
阴离子表面活性剂/(mg·L^{-1})	<0.025	Ⅰ	<0.025	Ⅰ	<0.025	Ⅰ	<0.025	Ⅰ	<0.025	Ⅰ
高锰酸钾盐指数(COD_{Mn}法,以O_2计)/(mg·L^{-1})	3.08	Ⅳ	0.41	Ⅰ	0.49	Ⅰ	0.52	Ⅰ	1.14	Ⅰ

续表 4.6-4

项目类别	S95(和若铁路边二苗厂南)		S104(沙露供水公司附近绿化井)		S105(阿克提坎墩乡生活供水井)		S106(库拉木勒克乡生活供水井)		S108(自来水厂内供水井)	
	含量	类别	含量	类别	含量	类别	含量	类别	含量	类别
氨氮(以 N 计)/(mg·L^{-1})	0.17	Ⅲ	0.25	Ⅲ	0.14	Ⅲ	0.11	Ⅲ	0.28	Ⅲ
硫化物/(mg·L^{-1})	1 145.43	Ⅴ	92.08	Ⅰ	89.76	Ⅰ	92.08	Ⅰ	89.76	Ⅰ
亚硝酸盐(以 N 计)/(mg·L^{-1})	<0.04	Ⅱ	<0.04	Ⅱ	<0.04	Ⅱ	<0.04	Ⅱ	<0.04	Ⅱ
硝酸盐(以 N 计)/(mg·L^{-1})	0.75	Ⅰ	4.01	Ⅱ	2.67	Ⅱ	3.66	Ⅱ	5	Ⅱ
氰化物/(mg·L^{-1})	<0.002	Ⅱ	<0.002	Ⅱ	<0.002	Ⅱ	<0.002	Ⅱ	<0.002	Ⅱ
氟化物/(mg·L^{-1})	1.38	Ⅳ	0.65	Ⅰ	0.87	Ⅰ	0.74	Ⅰ	0.65	Ⅰ
碘化物/(mg·L^{-1})	<0.05	Ⅲ	<0.05	Ⅲ	<0.05	Ⅲ	<005	Ⅲ	<0.05	Ⅲ
汞/(mg·L^{-1})	—		—		—		—		—	
砷/(mg·L^{-1})	0.001 445	Ⅲ	<0.001	Ⅰ	<0.001	Ⅰ	<0.001	Ⅰ	<0.001	Ⅰ
硒/(mg·L^{-1})	<0.000 4	Ⅰ	<0.000 4	Ⅰ	<0.000 4	Ⅰ	<0.000 4	Ⅰ	<0.000 4	Ⅰ
镉/(mg·L^{-1})	<0.005	Ⅲ	<0.005	Ⅲ	<0.005	Ⅲ	<0.005	Ⅲ	<0.005	Ⅲ
铬(六价)/(mg·L^{-1})	0.0246	Ⅲ	0.013	Ⅲ	0.0058	Ⅰ	0.010 1	Ⅲ	0.004 8	Ⅰ
铅/(mg·L^{-1})	<0.001	Ⅰ	<0.001	Ⅰ	<0.001	Ⅰ	<0.001	Ⅰ	<0.001	Ⅰ
镍/(mg·L^{-1})	0.048 4	Ⅳ	<0.02	Ⅲ	<0.02	Ⅲ	<0.02	Ⅲ	<0.02	Ⅲ
钴/(mg·L^{-1})	<0.05	Ⅲ	<0.05	Ⅲ	<0.05	Ⅲ	<0.05	Ⅲ	<0.05	Ⅲ
综合评价		Ⅴ		Ⅲ		Ⅲ		Ⅲ		Ⅲ

注：表中—为没有数据，下同。

表 4.6-5 车尔臣河流域平原区地下水质量评价结果 2

项目类别	S110(阿热勒镇原供水井) 含量	类别	S111(37团生活供水井) 含量	类别	S112(工业园区供水井) 含量	类别	S113(洽沙站机井) 含量	类别	S119(塔什萨依混凝土搅拌站) 含量	类别
色(铂钴色度单位)	<5	Ⅰ	<5	Ⅰ	15	Ⅲ	<5	Ⅰ	<5	Ⅰ
嗅和味	无	Ⅰ	无	Ⅰ			无	Ⅰ	无	Ⅰ
浑浊度/NTUa			1.6	Ⅰ			1.6	Ⅰ		
肉眼可见物			无	Ⅰ		Ⅰ	无	Ⅰ		
pH值	8.23	Ⅰ	7.97	Ⅰ	8.62	Ⅳ	7.92	Ⅰ	7.87	Ⅰ
总硬度(以$CaCO_3$计)/(mg·L^{-1})	220.3	Ⅱ	263.4	Ⅱ	175.2	Ⅱ	299.4	Ⅱ	775.1	Ⅴ
溶解性总固体/(mg·L^{-1})	542.71	Ⅲ	798.29	Ⅲ	710.91	Ⅲ	690.11	Ⅲ	2764.85	Ⅴ
硫酸盐/(mg·L^{-1})	138.02	Ⅱ	254.52	Ⅳ	185.99	Ⅲ	154.46	Ⅲ	910.47	Ⅴ
氯化物/(mg·L^{-1})	149.16	Ⅱ	186.8	Ⅲ	220.9	Ⅲ	174.73	Ⅲ	894.24	Ⅴ
铁/(mg·L^{-1})	<0.03	Ⅰ	<0.03	Ⅰ	<0.03	Ⅰ	<0.03	Ⅰ	<0.03	Ⅰ
锰/(mg·L^{-1})	0.0311	Ⅱ	<0.01	Ⅰ	0.0183	Ⅱ	<0.01	Ⅰ	0.0183	Ⅱ
铜/(mg·L^{-1})	<0.05	Ⅰ	<0.05	Ⅰ	<0.05	Ⅰ	<0.05	Ⅰ	<0.05	Ⅰ
锌/(mg·L^{-1})	<0.05	Ⅱ	<0.05	Ⅱ	<0.05	Ⅱ	<0.05	Ⅱ	<0.05	Ⅱ
铝/(mg·L^{-1})	<0.04	Ⅱ	<0.04	Ⅰ	<0.04	Ⅰ	<0.04	Ⅰ	<0.04	Ⅰ
挥发性酚类/(mg·L^{-1})	<0.025	Ⅱ	<0.025	Ⅱ	—		—		—	
阴离子表面活性剂/(mg·L^{-1})	<0.025	Ⅰ	<0.025	Ⅰ	<0.025	Ⅰ	<0.025	Ⅰ	<0.025	Ⅰ
耗氧量(COD$_{mn}$法,以O_2计)/(mg·L^{-1})	0.6	Ⅰ	0.69	Ⅱ	3.76	Ⅳ	0.38	Ⅱ	0.8	Ⅱ

续表 4.6-5

项目类别	S110(阿热勒镇原供水井)		S111(37团生活供水井)		S112(工业园区供水井)		S113(洽沙站机井)		S119(塔什萨依混凝土搅拌站)	
	含量	类别	含量	类别	含量	类别	含量	类别	含量	类别
氨氮(以N计)/(mg·L^{-1})	0.51	Ⅳ	0.56	Ⅳ	1.48	Ⅳ	0.49	Ⅲ	0.22	Ⅲ
硫化物/(mg·L^{-1})	101.37	Ⅱ	176.84	Ⅲ	175.68	Ⅲ	125.75	Ⅱ	636.97	Ⅴ
亚硝酸盐(以N计)/(mg·L^{-1})	<0.04	Ⅱ	<0.04	Ⅱ	<0.04	Ⅱ	<0.04	Ⅱ	<0.04	Ⅱ
硝酸盐(以N计)/(mg·L^{-1})	0.2	Ⅰ	5.22	Ⅲ	4.81	Ⅲ	5.18	Ⅲ	6.63	Ⅲ
氰化物/(mg·L^{-1})	<0.002	Ⅱ	<0.002	Ⅱ	<0.002	Ⅱ	<0.002	Ⅱ	<0.002	Ⅱ
氟化物/(mg·L^{-1})	0.51	Ⅰ	1.70	Ⅳ	1.07	Ⅳ	0.65	Ⅰ	1.22	Ⅳ
碘化物/(mg·L^{-1})	<0.05	Ⅲ	<0.05	Ⅲ	<0.05	Ⅲ	<0.05	Ⅲ	<0.05	Ⅲ
汞/(mg·L^{-1})	—		—		—		—		—	
砷/(mg·L^{-1})	<0.001	Ⅰ	<0.001	Ⅰ	<0.001	Ⅰ	<0.001	Ⅰ	<0.001	Ⅰ
硒/(mg·L^{-1})	<0.0004	Ⅰ	<0.0004	Ⅰ	<0.0004	Ⅰ	<0.0004	Ⅰ	<0.0004	Ⅰ
镉/(mg·L^{-1})	<0.005	Ⅲ	<0.005	Ⅲ	<0.005	Ⅲ	<0.005	Ⅲ	<0.005	Ⅲ
铬(六价)/(mg·L^{-1})	0.0077	Ⅱ	0.0048	Ⅱ	0.0101	Ⅲ	0.0040	Ⅰ	0.0164	Ⅲ
镍/(mg·L^{-1})	<0.001	Ⅰ	<0.001	Ⅰ	<0.001	Ⅰ	<0.001	Ⅰ	<0.001	Ⅰ
钴/(mg·L^{-1})	<0.02	Ⅲ	<0.02	Ⅲ	<0.02	Ⅲ	<0.02	Ⅲ	0.0327	Ⅳ
综合评价	Ⅳ		Ⅳ		Ⅳ		Ⅲ		Ⅴ	

饮用水井主要为氨氮超标,为Ⅳ类;37团水厂水源地井主要为氟化物、硫酸盐、氨氮超标,为Ⅳ类;工业园供水井(萨尔瓦墩)井主要为pH值、氟化物、耗氧量(COD_{mm}法,以O_2计)、氨氮超标,为Ⅳ类。特别是37团水厂水源地建议加强监测。

车尔臣河中下游水质较差,和若铁路供水井(二苇厂南)、塔什萨依搅拌站地下水质量评价为Ⅴ类,地下水化学组分含量高,不宜作为生活饮用水水源,其他用水可根据使用目的选用。和若铁路供水井(二苇厂南)主要为溶解性总固体、总硬度、硫酸盐、钠、氯化物等超标,建议处理后根据使用目的选用。

(2)按《农田灌溉水质标准》(GB 5084—2021)的评价结果。

根据《农田灌溉水质标准》(GB 5084—2021)中灌溉用水的质量要求,车尔臣河中下游水质较差,和若铁路供水井(二苇厂南)、塔什萨依混凝土搅拌站地下水中氯化物及全盐含量超标,因此不能满足灌溉水质量要求,不宜用作灌溉水源;区内其他地区的地下水质量均可满足农田灌溉用水的要求(表4.6-6)。

(3)按《生活饮用水卫生标准》(GB 5749—2022)的评价结果。

本次水质全微量分析中有生活供水任务的主要为S105(阿克提坎墩乡生活供水井)、S106(库拉木勒克乡生活供水井)、S108(自来水厂内供水井)、S111(37团生活供水井),根据《生活饮用水卫生标准》(GB 5749—2022)中生活饮用水的质量要求,除S111(37团生活供水井)外,其他生活饮用水机井的水质检测项目均满足标准要求,仅37团供水井因氟化物、硫酸盐、氨略超标,需进一步处理后才适用于生活饮用水(表4.6-7)。

4.6.4 典型区地下水质量变化趋势分析

根据收集到的资料,车尔臣河流域水质化验资料相对较丰富的地方主要为城南水源地区域,本次以城南水源地为典型区分析地下水质量的变化趋势。

2018年且末县水利局提交的《且末县农村饮用水水源保护与水质状况摸底调查报告》中水源地水质状况调查显示,且末县水源地8眼机井2016年、2017年水质均达到《地下水质量标准》(GB/T 14848—1993)中Ⅲ类标准。

根据2018年且末县生态环境局《且末县集中式饮用水水源地评估报告》,且末县2017年水源地原水水质均满足《地下水质量标准》(GB/T 14848—1993)Ⅲ类及以上标准。

本次水质检测结果中水源地水质达到《地下水质量标准》(GB/T 14848—2017)中Ⅲ类标准水平,因此从2018年以来,且末县城水源地附近地下水质量没有明显变化。

4.7 山丘区地下水资源量评价

根据地下水功能区划,山丘区为地下水水源涵养区,属于地下水保护区,不允许被开发利用,因此,对其进行可开采量计算和水质评价意义不大。本次评价只对山丘区地下水资源量进行计算,且将山区基岩裂隙水和碎屑岩裂隙孔隙水统一进行计算。

表4.6-6 车尔臣河流域平原区农田灌溉水水质评价结果

项目类别	S95(和若铁路边二营厂南)		S104(沙露供水公司附近绿化井)		S105(阿克提坎墩乡生活供水井)		S106(库拉木勒克乡生活供水井)		S108(自来水厂内供水井)	
	含量	是否满足	含量	是否满足	含量	是否满足	含量	是否满足	含量	是否满足
化学需氧量/(mg·L⁻¹)	3.08	是	0.41	是	0.49	是	0.52	是	1.14	是
悬浮物/(mg·L⁻¹)	5.49	是	5.06	是	2.95	是	2.84	是	3.56	是
阴离子表面活性剂/(mg·L⁻¹)	<0.25	是	<0.25	是	<0.25	是	<0.25	是	<0.25	是
pH值	7.69	是	7.93	是	7.94	是	7.91	是	7.95	是
全盐量/(mg·L⁻¹)	4456.93	否	529.58	是	486.88	是	547.25	是	515.28	是
氯化物/(mg·L⁻¹)	1488.03	否	132.82	是	120.75	是	127.85	是	107.96	是
总汞/(mg·L⁻¹)	—	是	—	是	—	是	—	是	—	是
总镉/(mg·L⁻¹)	<0.005	是	<0.005	是	<0.005	是	<0.005	是	<0.005	是
总砷/(mg·L⁻¹)	0.01	是	<0.01	是	<0.01	是	<0.01	是	<0.01	是
铬(六价)/(mg·L⁻¹)	<0.05	是	<0.05	是	<0.05	是	<0.05	是	<0.05	是
铅/(mg/L)	0.01	是	<0.01	是	<0.01	是	<0.01	是	<0.01	是
铜/(mg·L⁻¹)	0.013	是	0	是	0	是	0	是	0	是
锌/(mg·L⁻¹)	0.007	是	0	是	0	是	0	是	0	是
硒/(mg·L⁻¹)	<0.01	是	<0.01	是	<0.01	是	<0.01	是	<0.01	是
氟化物/(mg·L⁻¹)	1.38	是	0.65	是	0.87	是	0.74	是	0.65	是
氰化物/(mg·L⁻¹)	<0.05	是	<0.05	是	<0.05	是	<0.05	是	<0.05	是
综合评价	否		是		是		是		是	

续表 4.6-6

项目类别	S110(阿热勒镇原供水井) 含量	是否满足	S111(37团生活供水井) 含量	是否满足	S112(工业园区供水井) 含量	是否满足	S113(洽沙站机井) 含量	是否满足	S119(塔什萨依混凝土搅拌站) 含量	是否满足
化学需氧量/(mg·L^{-1})	0.6	是	0.69	是	3.76	是	0.38	是	0.8	是
悬浮物/(mg·L^{-1})	45.1	是	1.6	是	67.6	是	1.62	是	12.73	是
阴离子表面活性剂/(mg·L^{-1})	<0.25	是	<0.25	是	<0.25	是	<0.25	是	<0.25	是
pH 值	8.23	是	7.97	是	8.62	是	7.92	是	7.87	是
全盐量/(mg·L^{-1})	542.71	是	798.29	是	710.91	是	690.11	是	2764.85	否
氯化物/(mg·L^{-1})	149.16	是	186.8	是	220.9	是	174.73	是	894.24	否
总汞/(mg·L^{-1})	—		—		—		—		—	
总镉/(mg·L^{-1})	<0.005	是	<0.005	是	<0.005	是	<0.005	是	<0.005	是
总砷/(mg·L^{-1})	<0.01	是	<0.01	是	<0.01	是	<0.01	是	<0.01	是
铬(六价)/(mg·L^{-1})	<0.05	是	<0.05	是	<0.05	是	<0.05	是	<0.05	是
铅/(mg·L^{-1})	<0.01	是	<0.01	是	<0.01	是	<0.01	是	<0.01	是
铜/(mg·L^{-1})	0	是	0	是	0	是	0	是	0.008	是
锌/(mg·L^{-1})	0	是	0	是	0	是	0	是	0	是
硒/(mg·L^{-1})	<0.01	是	<0.01	是	<0.01	是	<0.01	是	<0.01	是
氟化物/(mg·L^{-1})	0.51	是	1.7	是	1.07	是	0.65	是	1.22	是
氰化物/(mg·L^{-1})	<0.05	是	<0.05	是	<0.05	是	<0.05	是	<0.05	是
综合评价		是		是		是		是		否

表 4.6-7　车尔臣河流域平原区生活饮用水水质评价结果

项目类别	限值	S105(阿克提玫墩乡生活供水井)		S106(库拉木勒克乡生活供水井)		S108(自来水厂内供水井)		S111(37团生活供水井)	
		含量	是否满足	含量	是否满足	含量	是否满足	含量	是否满足
砷/(mg·L^{-1})	0.01	<0.001	是	<0.001	是	<0.001	是	<0.001	是
镉/(mg·L^{-1})	0.005	<0.005	是	<0.005	是	<0.005	是	<0.005	是
铬(六价)/(mg·L^{-1})	0.05	0.005 8	是	0.010 1	是	0.004 8	是	0.004 8	是
铅/(mg·L^{-1})	0.01	<0.001	是	<0.001	是	<0.001	是	<0.001	是
氰化物/(mg·L^{-1})	0.05	<0.002	是	<0.002	是	<0.002	是	<0.002	是
氟化物/(mg·L^{-1})	1	0.87	是	0.74	是	0.65	是	1.7	否
硝酸盐(以N计)/(mg·L^{-1})	10	2.67	是	3.66	是	5	是	5.22	是
色度(铂钴色度单位)	15	<5	是	<5	是	<5	是	<5	是
浑浊度(散射浊度单位)/NTU	1	—	—	—	—	—	—	—	—
臭和味	无异臭、异味	无	是	无	是	无	是	无	是
肉眼可见物	无	无	是	无	是	无	是	无	是
pH值	不小于6.5且不大于8.5	7.94	是	7.91	是	7.95	是	7.97	是
铝/(mg·L^{-1})	0.2	<0.04	是	<0.04	是	<0.04	是	<0.04	是

续表 4.6-7

项目类别	限值	S105(阿克提坎墩乡生活供水井) 含量	是否满足	S106(库拉木勒克乡生活供水井) 含量	是否满足	S108(自来水厂内供水井) 含量	是否满足	S111(37团生活供水井) 含量	是否满足
铁/(mg·L^{-1})	0.3	<0.03	是	<0.03	是	<0.03	是	<0.03	是
锰/(mg·L^{-1})	0.1	<0.01	是	<0.01	是	<0.01	是	<0.01	是
铜/(mg·L^{-1})	1	<0.05	是	<0.05	是	<0.05	是	<0.05	是
锌/(mg·L^{-1})	1	<0.05	是	<0.05	是	<0.05	是	<0.05	是
氯化物/(mg·L^{-1})	250	120.75	是	127.85	是	107.96	是	186.8	是
硫酸盐/(mg·L^{-1})	250	107.17	是	138.99	是	138.89	是	254.52	否
总硬度(以CaCO$_3$计)/(mg·L^{-1})	450	200.3	是	250.4	是	239.3	是	263.4	是
高锰酸钾指数(以O$_2$计)/(mg·L^{-1})	3	0.49	是	0.52	是	1.14	是	0.69	是
氨(以N计)/(mg·L^{-1})	0.5	0.14	是	0.11	是	0.28	是	0.56	否
镍/(mg·L^{-1})	0.02	<0.02	是	<0.02	是	<0.02	是	<0.001	是
硒/(mg·L^{-1})	0.01	<0.0004	是	<0.0004	是	<0.0004	是	<0.0004	是
阴离子表面活性剂/(mg·L^{-1})	0.3	<0.025	是	<0.025	是	<0.025	是	<0.025	是
钠/(mg·L^{-1})	200	89.76	是	92.08	是	89.76	是	176.84	是
综合评价			是		是		是		否

1)河川基流量

河川基流量是指河川径流量中地下水渗透补给河水的部分,即河道对地下水的排泄量。根据车尔臣河多年平均径流量 $92\ 154.80\times10^4\ m^3/a$,使用月最小流量法计算的车尔臣河的河川基流量为 $18\ 733.10\times10^4\ m^3/a$。

2)山前侧向流出量

山前侧向流出量与平原区山前侧向补给量基本一致,在计算平原区地下水补给量时已经计算了山前侧向补给量,车尔臣河流域山丘区多年平均山前侧向流出量为 $4\ 665.38\times10^4\ m^3/a$。

3)山前泉水量

根据本次现场调查,研究区未见有山前泉水分布。

4)山丘区浅层地下水实际开采净消耗量

根据本次调查,研究区内仅库拉木勒克乡、阿羌乡有少量地下水开采,主要用于人畜饮用,用水量小,可忽略不计。

5)山丘区地下水资源量总量

车尔臣河的河川基流量为 $18\ 733.10\times10^4\ m^3/a$,山丘区多年平均山前侧向流出量为 $4\ 665.38\times10^4\ m^3/a$,经计算,车尔臣河流域山丘区多年平均地下水资源总量为 $23\ 398.48\times10^4\ m^3/a$。

4.8 流域地下水资源总量

4.8.1 山丘区与平原区地下水资源量

车尔臣河流域山丘区地下水资源量的计算面积为 $25\ 494.60\ km^2$,山丘区多年平均地下水资源量 $23\ 398.48\times10^4\ m^3/a$。

平原区地下水资源量计算面积为 $20\ 009.40\ km^2$,其中矿化度≤2 g/L 的面积为 $10\ 604.94\ km^2$,矿化度≤2 g/L 的地下水资源量为 $38\ 166.86\times10^4\ m^3/a$,矿化度≤2 g/L 的地下水资源量计入水资源总量。矿化度>2 g/L 的面积为 $9\ 404.46\ km^2$,矿化度>2 g/L 地下水补给量为 $24\ 240.34\times10^4\ m^3/a$,其中车尔臣河流域三苇厂以下区域地下水补给量为 $13\ 961.64\times10^4\ m^3/a$。

4.8.2 山丘区与平原区地下水资源重复计算量

山丘区与平原区地下水资源量之间存在重复计算量,需要从山丘区与平原区地下水资源量之和中扣除重复计算量,以其差值作为水资源计算分区的地下水资源量。

山丘区与平原区地下水资源量之间的重复计算量主要有两部分:一是平原区地下水资源量中的山前侧向补给量与山丘区地下水资源量中的山前侧向流出量重复;二是平原区地表水体补给量中,包含山丘区流入平原区的河川基流量形成的补给量,此量与山丘区河川基流量重复。

车尔臣河流域平原区与山丘区重复计算量为 13 327.48×10⁴ m³/a,其中山前侧向补给量为 4 665.38×10⁴ m³,河川基流形成的地表水体补给量为 8 662.10×10⁴ m³/a。扣除重复计算量,车尔臣河流域地下水资源总量为 48 237.86×10⁴ m³/a。

4.8.3　地下水资源量与地表水资源量间重复计算量

分区地下水与地表水资源量之间重复计算量为山丘区河川基流量、平原区地表水体补给量、平原区降水入渗补给量形成的河道排泄量之和减去平原区河川基流形成的地表水体补给量。

车尔臣河流域多年平均山丘区河川基流量为 18 733.10×10⁴ m³/a,平原区地表水体补给量为 33 501.48×10⁴ m³/a,平原区河川基流形成的地表水体补给量为 8 662.10×10⁴ m³/a,地下水与地表水资源量之间重复计算量为 43 527.48×10⁴ m³/a。

地下水与地表水之间不重复计算量为山区山前侧向流出量与平原区降水入渗补给量之和减去平原区降水入渗补给量形成的河道排泄量。

车尔臣河流域现状年山丘区山前侧向流出量为 4 665.38×10⁴ m³,平原区降水入渗补给量忽略不计,经计算,多年平均地下水与地表水资源量间不重复计算量为 4 665.38×10⁴ m³/a。

4.9　本次评价同历次成果数据对比

自 1961 年以来,先后有新疆地矿局、新疆宏昌水利规划设计有限公司、新疆农业大学等单位在研究区内做过地下水方面的工作(表 4.9-1)。本次仅对近几年车尔臣河流域的地下水资源评价成果进行详细对比分析。

2009 年新疆宏昌水利规划设计有限公司完成的《且末水资源开发利用规划报告》,比例尺 1∶10 万,主要对且末县灌区的地下水资源进行了评价,研究区沿车尔臣河,自且末水文站至塔提让大桥,面积为 1 702.5 km²,主要补给量为侧向流入量、渠道渗漏补给量、河道渗漏补给量、田间入渗补给量,总补给量为 38 500×10⁴ m³/a,地下水资源量为 38 492.5×10⁴ m³/a,可开采量为 11 000×10⁴ m³/a。该报告得出的地下水总补给量与本次评价结果相差较大,主要是由于评价面积远小于本次评价,该报告均衡区为绿洲灌区中部,最大补给源为地下水侧向补给,在评价地下水资源量和可开采量时,没有区分矿化度。

2019 年新疆地矿局第一区域地质调查大队完成的《新疆车尔臣河中下游(且末县)水文地质环境地质调查 1∶10 万报告》(该报告现状年为 2017 年),详细研究了车尔臣河流域的地质构造及水文地质条件,评价了环境水文地质条件。该报告研究区为车尔臣河流域,西至两河流域,东至塔什萨依,南至昆仑山山前,北至沙漠边缘,面积为 23 034.4 km²,主要补给量为河道渗漏补给量、渠道渗漏补给量、田间入渗补给量、河床潜流补给量、井灌入渗补给量、降水入渗补给量,总补给量为 55 880.52×10⁴ m³/a,地下水资源量为 50 532.55×10⁴ m³/a,可开采量为 33 272.10×10⁴ m³/a。该报告得出的地下水总补给量与本次评价相

表 4.9-1　车尔臣河流域内历次成果得出的补给量对比表

评价年份	工作单位	比例尺	报告名称	评价区面积	地下水总补给量	地下水资源量	地下水可开采量	降水入渗补给量	河床潜流量	基岩裂隙水量	暴雨洪流入渗量	河道渗漏补给量	渠道渗漏补给量	田间入渗补给量	井灌入渗补给量	水库渗漏补给量
2009年	新疆宏昌水利规划设计有限公司	1:10万	且末水资源开发利用规划报告	1 702.5	38 500	38 492.5	11 000			24 946.3		2 576.2	8 609.1	2 269.9	91	—
2019年	新疆地矿局第一区域地质调查大队	1:10万	新疆车尔臣中下游(且末县)水文地质环境地质调查1:10万报告	23 034.4	55 880.52	50 532.55	33 272.10	933.08	2 112.37	—	628.19	42 123.04	5 577.87	3 358.47	1 132.51	15.00
2019年	新疆农业大学	1:25万	新疆第三饮地下水资源评价	24 797.01	78 020.7	72 544	13 667	2627		9055		60 784	6106	3317	734	—
2021年	新疆水利水电勘测设计研究院	1:10万	车尔臣河流域综合规划地下水资源评价	—	47 909.38	—	—	—	453.35	4 212.04	607.46	29 320.99	7 992.41	5 283.55	24.58	15.00

注：评价区面积单位为 km²，其他量单位为 10^4 m³/a。表中"—"代表此项未计算。

差 $5\,566.71\times10^4\ m^3/a$，主要是本次评价区不含江尕萨依至塔什萨依流域的面积。本次评价与该报告的地下水资源量和地下水可开采量相差较大，主要是因为该报告地下水资源量和可开采量评价时，没有区分矿化度，且可开采量计算采用了数值模拟法与开采系数法，本次评价采用的是第三次全国水资源调查评价平原区地下水可开采量的计算方法。

2019 年新疆农业大学完成的《新疆第三次地下水资源评价》(比例尺为 1∶25 万)，该报告评价区为且末县平原区，面积为 $24\,797.01\ km$，主要补给量为河道渗漏补给量、渠道渗漏补给量、田间入渗补给量、山前侧向径流流入量、井灌入渗补给量、降水入渗补给量，总补给量为 $78\,020.7\times10^4\ m^3/a$，地下水资源量为 $72\,544\times10^4\ m^3/a$，可开采量为 $13\,667\times10^4\ m^3/a$。该报告得出的地下水总补给量和地下水资源量与本次评价相差较大，主要是本次评价区远小于《新疆第三次地下水资源评价》的评价面积，相差的面积主要包括塔什萨依流域、江尕尔萨依流域，以及西部的莫勒切河和喀拉米兰河，且本次可开采量计算和该报告采用了同样的计算方法，故《新疆第三次地下水资源评价》的可开采量略大于本次评价。

4.10　地下水补给量估算

根据灌区规划，2025—2035 年利用现状引水渠首＋输水骨干渠道＋新建调节沉沙池＋输水管网，在干渠进入灌区前选择合适高程位置新建或利用已有的调节沉沙池，调节沉沙池后接自流低压干管输水至田间，与田间已建高效节水系统和拟建高效节水系统组网，形成新时代"坎儿井"深度节水灌溉系统。

且末县灌区总体布局：根据选定的水源位置和地形条件，以及干管规模，将灌区分为 4 个自压系统，其中车尔臣河西岸布置 3 个自压系统，东岸布置 1 个自压系统。西岸主要建设 37 团调节沉沙池自压系统(1♯)、萨尔瓦墩自压系统(2♯)、月亮湖自压系统(3♯)，东岸建设东岸自压系统(4♯)。自压系统主要由首部工程(渠首、进水渠、沉沙池、放水廊道、放水管)、灌区输水管网工程(干管、分干管)组成。其中 37 团调节沉沙池自压系统(1♯)和萨尔瓦墩自压系统(2♯)近期规划水平年实施，月亮湖自压系统(3♯)和东岸自压系统(4♯)远期规划水平年实施。

流域现状年灌溉水利用系数为 0.54，规划 2035 年，随着流域灌区大力发展高效节水灌溉、高标准农田建设及新时代"坎儿井"灌溉系统建设等多项工程措施，同时参照最严格水资源管理制度中对农业用水效率的要求，流域灌溉水利用系数达到 0.66。规划 2045 年流域灌区继续推进新时代"坎儿井"灌溉系统建设，流域灌溉水利用系数将达到 0.70。

规划年地下水补给量包括河谷潜流流入量、基岩裂隙水流入量、暴雨洪流入渗量、河道渗漏补给量、渠道渗漏补给量、田间入渗补给量、井灌回归量、平原水库渗漏补给量。其中，基岩裂隙水流入量和暴雨洪流入渗量在规划年不发生变化；河谷潜流中，由于大石门水库建成运行，大石门河道断面河床潜流量忽略不计，其他河谷断面潜流量不变；井灌回归量根据规划年的地下水开采量发生变化；平原水库渗漏补给量因为新修建沉沙池而增加；河道渗漏补给量根据河道剩余水量的变化而变化；渠道引水量由于渠道有效利用系数的提高而大量减少;灌水方式改变了,基于用水总量控制方案和水资源承载力配置方案的田间入渗补给量均有所减少,只有弹性配置水量方案时由于进地水量增加较多,田间入渗补给量有所增加。

4.10.1 基于用水总量控制方案的地下水补给量估算

规划 2025 年,流域地表水配置水量为 $33\,017 \times 10^4 \text{ m}^3$(不含治沙站用水),其中第一分水枢纽区配置水量为 $21\,436 \times 10^4 \text{ m}^3$,第二分水枢纽区配置水量为 $11\,581 \times 10^4 \text{ m}^3$。规划 2025 年流域降低地表水、地下水供水量占比调整为 88.2%、11.8%。

规划 2035 年,流域地表水配置水量为 $32\,168 \times 10^4 \text{ m}^3$(不含治沙站用水),其中第一分水枢纽区配置水量为 $21\,014 \times 10^4 \text{ m}^3/\text{a}$,第二分水枢纽区配置水量为 $11\,154 \times 10^4 \text{ m}^3/\text{a}$,流域地下水配置水量为 $4412 \times 10^4 \text{ m}^3/\text{a}$。配置水量符合《新疆用水总量控制方案》及《巴州(第二师)用水总量控制指标分解方案》中 2030 年用水总量控制指标要求。从分水源供水比例上分析,规划 2035 年流域进一步降低地表水开发利用量,地表水、地下水占比调整为 87.9%、12.1%。

1)河谷潜流量

规划水平年河谷潜流中大石门河道断面河床潜流量忽略不计,其他河谷断面潜流量不变。则 2035 年与 2045 年的河谷潜流量为 $453.35 \times 10^4 - 40.88 \times 10^4 = 412.47 \times 10^4 \text{ m}^3$。

2)渠道渗漏补给量

规划 2035 年,车尔臣河流域渠道引水量为 $38\,317 \times 10^4 \text{ m}^3$,其中从惠海三级电站下游引水量为 $21\,436 \times 10^4 \text{ m}^3$,第二分水枢纽引水量为 $16\,881 \times 10^4 \text{ m}^3$(含河东治沙站从第二分水枢纽引水量 $5300 \times 10^4 \text{ m}^3$)。渠道水综合利用系数为 0.69,其中干支渠综合利用系数为 0.92。

规划 2045 年,车尔臣河流域渠道引水量为 $37\,468 \times 10^4 \text{ m}^3$,其中从惠海三级电站下游引水量为 $21\,014 \times 10^4 \text{ m}^3$,第二分水枢纽引水量为 $16\,454 \times 10^4 \text{ m}^3$(含河东治沙站从第二分水枢纽引水量 $5300 \times 10^4 \text{ m}^3$)。渠道水综合利用系数为 0.74,其中干支渠综合利用系数为 0.94(表 4.10-1)。

规划 2035 年渠道渗漏补给量为 $1\,207.16 \times 10^4 \text{ m}^3$;规划 2045 年渠道渗漏补给量为 $881.85 \times 10^4 \text{ m}^3$。

表 4.10-1 规划年渠道引水量计算表

水平年	年引水量/ 10^4 m^3	渠道综合利用系数 η	渗漏修正系数 γ	防渗折算系数 γ'	渠道损失量/ 10^4 m^3	渠道渗漏量/ 10^4 m^3	渠道蒸发量/ 10^4 m^3	进地水量/ 10^4 m^3
2035 年	38 317	0.92	0.75	0.55	2 926.45	1 207.16	1 719.29	34 211.25
2045 年	37 468	0.94	0.75	0.55	2137.81	881.85	1 255.96	33 973.89

3) 田间入渗补给量

规划 2035 年进地水量为 34 211.25×10⁴ m³,田间入渗系数也随着灌溉方式的改变变小,则规划 2035 年田间入渗补给量为 5 152.68×10⁴ m³(表 4.10-2)。

规划 2045 年进地水量为 33 973.89×10⁴ m³/a,田间入渗系数也随着灌溉方式的改变变小,则规划 2045 年田间入渗补给量为 4 777.19×10⁴ m³(表 4.10-3)。

表 4.10-2 规划 2035 年地表水田间入渗补给量计算表

埋深分区/m	入渗系数	面积/km²	进地水量/ 10⁴ m³	入渗量/ 10⁴ m³	蒸发量/ 10⁴ m³
<1	0.28	0.00	0.00	0.00	0.00
1~3	0.22	119.33	8 998.06	1 979.57	7 018.49
3~6	0.14	216.09	16 294.60	2 281.25	14 013.35
>6	0.1	118.27	8 918.59	891.86	8 026.73
合计		453.69	34 211.25	5 152.68	29 058.57

表 4.10-3 规划 2045 年地表水田间入渗补给量计算表

埋深分区/m	入渗系数	面积/km²	进地水量/ 10⁴ m³	入渗量/ 10⁴ m³	蒸发量/ 10⁴ m³
<1	0.26	0.00	0.00	0.00	0.00
1~3	0.21	119.33	8 935.63	1 876.48	7 059.15
3~6	0.13	216.09	16 181.54	2 103.60	14 077.94
>6	0.09	118.27	8 856.72	797.11	8 059.61
合计		453.69	33 973.89	4 777.19	29 196.70

4) 河道渗漏补给量

规划水平年其他河流沟谷的河道渗漏补给量没有发生变化,仅有车尔臣河由于新建小石门三级电站和惠海三级电站,改建西岸干渠、第二分水枢纽等工程措施,水量运行发生了一定变化(图 4.10-1),特别是在大石门水库下游至水文站断面形成一定的减水河段,使规划年的河道渗漏补给量有所减少。计算方法、过程与现状年一致,计算结果见表 4.10-4。

规划 2035 年车尔臣河三苇厂处河道下泄水量为 23 678.75×10⁴ m³,车尔臣河出山口断面至三苇厂断面,河道渗漏补给地下水量为 21 426.55×10⁴ m³,河道蒸发浸润损失量为 10 011.92×10⁴ m³,地下水排泄入河道水量为 3 600.12×10⁴ m³。车尔臣河流域 2035 年河道渗漏补给地下水量为 22 970.93×10⁴ m³。

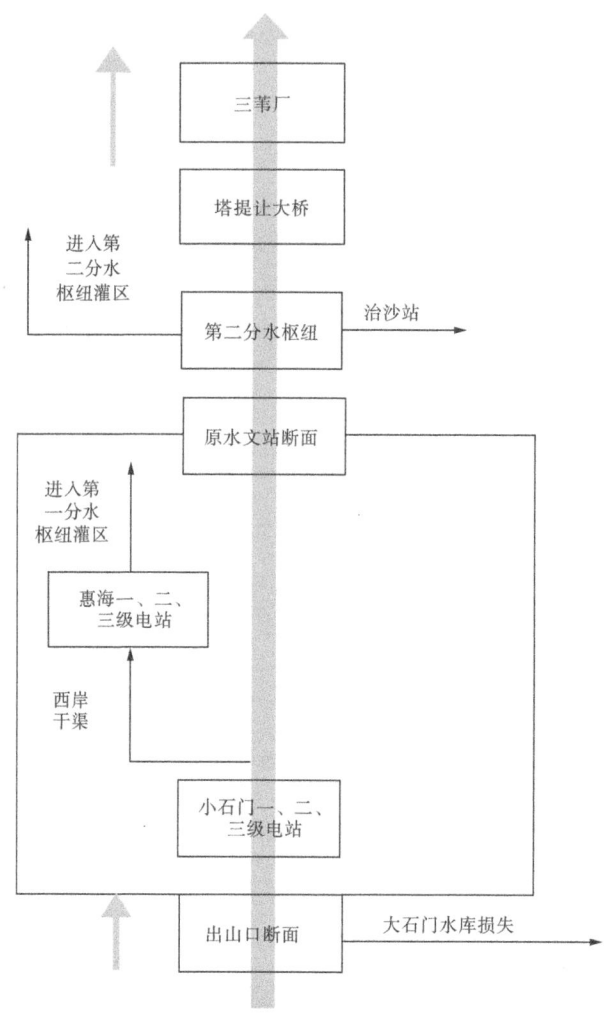

图 4.10-1　规划水平年车尔臣河运行节点示意图

规划 2045 年车尔臣河三苇厂处河道下泄水量 24 367.65×10^4 m³,车尔臣河出山口断面至三苇厂断面,河道渗漏补给地下水量为 21 675.36×10^4 m³,河道蒸发浸润损失量为 10 081.41×10^4 m³,地下水排泄入河道水量为 3 581.34×10^4 m³。车尔臣河流域 2045 年河道渗漏补给地下水量为 23 219.74×10^4 m³。

5）井灌回归量

规划 2035 年和 2045 年地下水开采量均按用水总量控制指标使用,即地下水年开采量为 4412×10^4 m³。2035 年农业灌溉用地下水量为 3032×10^4 m³,灌溉入渗系数为 0.28,则 2035 年井灌回归量为 848.96×10^4 m³。2045 年农业灌溉用地下水量为 1839×10^4 m³,灌溉入渗系数为 0.26,则 2045 年井灌回归量为 478.14×10^4 m³。

表 4.10-4 规划 2035 年和 2045 年车尔臣河河道渗漏计算表 单位：10^4 m³

水平年	断面及渠道位置	径流量或引水量	损失水量	入渗量	蒸发量
2035 年	出山口断面	92 154.80			
	大石门水库损失		3500		3500
	西岸干渠引水	21 436			
	原水文站断面	45 374.97	23 023.13	18 418.50	4 604.63
	第二分水枢纽引水	11 581	553.87	−3 600.12	4 404.61
	治沙站引水	5300			
	塔提让大桥断面	27 689.47	250.62		
	三苇厂断面	23 678.75	4 010.73	3 008.05	1 002.68
	小计			21 426.55	10 011.92
2045 年	出山口断面	92 154.8			
	大石门水库损失		3500		3500
	西岸干渠引水	21 014			
	原水文站断面	45 772.35	23 224.75	18 579.80	4 644.95
	第二分水纽组引水	111 541	565.36	−3 581.34	4 404.61
	治沙站引水	5300			
	257.91 塔提让大桥断面	28 495.07			
	4 127.415 三苇厂断面	24 367.65	3 095.56	1 031.85	
	小计			21 675.36	10 081.41

6) 平原水库渗漏补给量

2035 年平原水库增加 37 团调节沉沙池和萨尔瓦墩沉沙池，37 团调节沉沙池库容为 3025×10^4 m³，萨尔瓦墩沉沙池库容 856×10^4 m³，原跃进水库渗漏补给量为 15×10^4 m³，则 2035 年车尔臣河流域水库渗漏补给量为 $1\ 179.30 \times 10^4$ m³。

2045 年平原水库在 2035 年的基础上增加月亮湖沉沙池和东岸沉沙池，月亮湖沉沙池库容为 50×10^4 m³，东岸沉沙池库容为 540×10^4 m³，则 2045 年车尔臣河流域水库渗漏补给量为 $1\ 356.30 \times 10^4$ m³。

7) 地下水资源量及可开采量估算

规划 2035 年车尔臣河流域三苇厂以上区域地下水总补给量为 $36\ 591.00 \times 10^4$ m³，规划 2045 年车尔臣河流域三苇厂以上区域地下水总补给量为 $35\ 945.19 \times 10^4$ m³（表 4.10-5）。

规划 2035 年车尔臣河流域地下水可开采量为 $10\ 611.39 \times 10^4$ m³，规划 2045 年车尔臣河流域地下水可开采量为 $10\ 424.10 \times 10^4$ m³（表 4.10-6）。

表 4.10-5　规划水平年车尔臣河流域地下水补给量计算表　　　　单位:10^4 m³

补给项	2035 年	2045 年
河谷潜流	412.47	412.47
基岩裂隙水	4 212.04	4 212.04
暴雨洪流入渗量	607.46	607.46
河道渗漏补给量	22 970.93	23 219.74
渠道渗漏补给量	1 207.16	881.85
田间入渗补给量	5 152.68	4 777.19
井灌入渗补给量	848.96	478.14
水库渗漏补给量	1 179.30	1 356.30
合计	36 591.00	35 945.19

4.10-6　规划水平年车尔臣河流域地下水资源量及可开采量估算表　　　　单位:10^4 m³

分项	2035 年	2045 年
地下水总补给量	36 591.00	35 945.19
地下水资源量	29 050.60	28 878.73
地下水可开采量	10 611.39	10 424.10

4.10.2　基于水资源承载力的水资源配置方案的地下水补给量估算

基于水资源承载力的水资源配置方案,规划 2035 年,流域地表水配置水量为 35 287×10^4 m³,地下水配置水量为 14 795×10^4 m³,配置水量中经济社会配置水量为 45 001×10^4 m³,河东治沙站生态修复配置水量为 5300×10^4 m³。2035 年流域常规配置水量较用水总量控制指标水量(37 429×10^4 m³),增加配置水量 12 872×10^4 m³。

规划 2045 年,流域地表水配置水量为 35 052×10^4 m³,地下水配置水量为 14 795×10^4 m³,配置水量中经济社会配置水量为 44 952×10^4 m³,河东治沙站生态修复配置水量为 5300×10^4 m³。2045 年流域常规配置水量较用水总量控制指标水量(36 580×10^4 m³),增加配置水量 13 671×10^4 m³。

基于水资源承载力的水资源配置方案中工程规划、灌溉水利用系数等与用水总量控制方案中保持一致,故两个方案中的河谷潜流量、平原水库渗漏补给量保持不变,只有渠道引水量发生变化,且在五苇厂增加若羌调水工程。

1) 渠道渗漏补给量

规划2035年,车尔臣河流域渠道引水量为 $35\,287\times10^4$ m³,其中若羌县引水量为 2236×10^4 m³,且末县引地表水量为 $33\,051\times10^4$ m³。且末县引地表水量中,从惠海三级电站下游引水量为 $22\,157\times10^4$ m³,从第二分水枢纽引水量为 $10\,894\times10^4$ m³(不含河东治沙站从第二分水枢纽引水量 5300×10^4 m³)。渠道水综合利用系数为0.69,其中干支渠综合利用系数为0.92,则规划2035年渠道渗漏补给量为 $1\,246.60\times10^4$ m³。

规划2045年,车尔臣河流域渠道引水量为 $35\,052\times10^4$ m³,其中若羌县引水量为 2238×10^4 m³,且末县引地表水量 $32\,814\times10^4$ m³。且末县引地表水量中,从惠海三级电站下游引水量为 $22\,565\times10^4$ m³,从第二分水枢纽引水量为 $10\,249\times10^4$ m³(不含河东治沙站从第二分水枢纽引水量 5300×10^4 m³)。渠道水综合利用系数为0.74,其中干支渠综合利用系数为0.94,则规划2045年渠道渗漏补给量为 930.74×10^4 m³。

2) 田间入渗补给量

规划2035年进地水量为 $35\,328.94\times10^4$ m³,田间入渗系数也随着灌溉方式的改变变小,则规划2035年田间入渗补给量为 $5\,321.02\times10^4$ m³。

规划2045年进地水量为 $35\,857.65\times10^4$ m³,田间入渗系数也随着灌溉方式的改变变小,则规划2045年田间入渗补给量为 $5\,042.07\times10^4$ m³。

3) 河道渗漏补给量

规划2035年车尔臣河三苇厂处河道下泄水量为 $18\,067.89\times10^4$ m³,车尔臣河出山口断面至三苇厂断面,河道渗漏补给地下水量为 $20\,202.05\times10^4$ m³,河道蒸发浸润损失量为 $9\,646.40\times10^4$ m³,地下水排泄入河道水量为 $3\,710.63\times10^4$ m³。车尔臣河流域2035年河道渗漏补给量为 $21\,746.43\times10^4$ m³。

规划2045年车尔臣河三苇厂处河道下泄水量 $17\,925.11\times10^4$ m³,车尔臣河出山口断面至三苇厂断面,河道渗漏补给地下水量为 $20\,074.04\times10^4$ m³,河道蒸发浸润损失量为 $9\,612.88\times10^4$ m³,地下水排泄入河道水量为 $3\,718.22\times10^4$ m³。车尔臣河流域2045年河道渗漏补给量为 $21\,618.42\times10^4$ m³。

4) 井灌回归量

规划2035年和2045年地下水开采量均按可开采量控制使用,即地下水年开采量为 $14\,795\times10^4$ m³。2035年农业灌溉用地下水量为 $11\,455\times10^4$ m³,灌溉入渗系数为0.28,则2035年井灌回归量为 $3\,207.40\times10^4$ m³。2045年农业灌溉用地下水量为 $10\,266\times10^4$ m³,灌溉入渗系数为0.28,则2045年井灌回归量为 2874.48×10^4 m³。

5) 地下水资源量及可开采量估算

规划2035年车尔臣河流域三苇厂以上区域地下水总补给量为 $37\,932.72\times10^4$ m³,规划2045年车尔臣河流域三苇厂以上区域地下水总补给量为 $37\,053.98\times10^4$ m³(表4.10-7)。

规划2035年车尔臣河流域地下水可开采量为 $11\,152.22\times10^4$ m³,规划2045年车尔臣河流域地下水可开采量为 $10\,893.87\times10^4$ m³(表4.10-8)。

表 4.10－7　规划水平年车尔臣河流域地下水补给量计算表　　　单位：10⁴ m³

补给项	2035 年	2045 年
河谷潜流	412.47	412.47
基岩裂隙水	4 212.04	4 212.04
暴雨洪流入渗量	607.46	607.46
河道渗漏补给量	21 746.43	21 618.42
渠道渗漏补给量	1 246.60	930.74
田间入渗补给量	5 321.02	5 042.07
井灌入渗补给量	3 207.40	2 874.48
水库渗漏补给量	1 179.30	1 356.30
合计	37 932.72	37 053.98

表 4.10－8　规划水平年车尔臣河流域地下水资源量及可开采量估算　　　单位：10⁴ m³

分项	2035 年	2045 年
地下水总补给量	37 932.72	37 053.98
地下水资源量	28 265.83	27 884.92
地下水可开采量	11 152.22	10 893.87

4.10.3　基于弹性配置水量方案的地下水补给量估算

考虑到车尔臣河流域 2000 年后的丰水情况，在水资源承载力配置方案的基础上提出不同来水条件下的弹性配置水量方案。

根据 2035 年流域扩大灌区发展规模的用水需求（总需水量为 65 941×10⁴ m³），结合 2000 年后的丰水态势，在 10%、15%、50%来水频率下，在保障生态用水的前提下，配置水量分别达到 65 941×10⁴ m³、65 691×10⁴ m³、56 730×10⁴ m³，较常规水资源配置方案，分别增水 15 639×10⁴ m³、15 389×10⁴ m³、6428×10⁴ m³，增加水量全部为地表水。

根据 2045 年流域扩大灌区发展规模的用水需求（总需水量为 65 891×10⁴ m³），结合 2000 年后的丰水态势，在 10%、15%、50%来水频率下，在保障生态用水的前提下，配置水量分别达到 65 891×10⁴ m³、65 891×10⁴ m³、57 131×10⁴ m³，较常规水资源配置方案，分别增水 15 640×10⁴ m³、15 640×10⁴ m³、6880×10⁴ m³，增加水量全部为地表水。

在弹性配置方案中，地下水开采量保持为可开采量，地下水井灌回归量与水资源承载力相比保持不变，河道来水量和渠道引水量发生变化，相应会引起渠道渗漏补给量、田间入渗补给量、河道渗漏补给量发生变化。

1)渠道渗漏补给量

规划 2035 年,在 10%、15%、50% 来水频率下,大石门断面来水量分别为 137 306×10^4 m^3、121 258×10^4 m^3、87 080×10^4 m^3,其中若羌县引水量为 2238×10^4 m^3,且末县引地表水量分别为 53 990×10^4 m^3、53 740×10^4 m^3、44 779×10^4 m^3(含治沙站引水量 5300×10^4 m^3)。则规划 2035 年渠道渗漏补给量分别为 1 754.94×10^4 m^3、1 746.82×10^4 m^3、1 455.54×10^4 m^3。

规划 2045 年,在 10%、15%、50% 来水频率下,大石门断面来水量分别为 137 306×10^4 m^3、121 258×10^4 m^3、87 080×10^4 m^3,其中若羌县引水量为 2238×10^4 m^3,且末县引地表水量分别为 53 754×10^4 m^3、53 754×10^4 m^3、44 994×10^4 m^3(含治沙站引水量 5300×10^4 m^3)。则规划 2035 年渠道渗漏补给量分别为 1 312.67×10^4 m^3、1 312.67×10^4 m^3、1 098.75×10^4 m^3。

2)田间入渗补给量

规划 2035 年,在 10%、15%、50% 来水频率下,进地水量分别为 49 735.59×10^4 m^3、49 505.29×10^4 m^3、41 250.41×10^4 m^3,田间入渗系数也随着灌溉方式的改变变小,则规划 2035 年田间入渗补给量为 7 490.85×10^4 m^3、7 456.17×10^4 m^3、6 212.87×10^4 m^3。

规划 2045 年进地水量分别为 50 571.76×10^4 m^3、50 571.76×10^4 m^3、42 330.36×10^4 m^3,田间入渗系数也随着灌溉方式的改变变小,则规划 2045 年田间入渗补给量为 7 111.07×10^4 m^3、7 111.07×10^4 m^3、5 952.22×10^4 m^3。

3)河道渗漏补给量

规划 2035 年在 10%、15%、50% 来水频率下,大石门断面来水量分别为 137 306×10^4 m^3、121 258×10^4 m^3、87 080×10^4 m^3,车尔臣河三苇厂处河道下泄水量分别为 29 932.96×10^4 m^3、21 268.83×10^4 m^3、9 877.12×10^4 m^3,车尔臣河出山口断面至三苇厂断面,河道渗漏补给地下水量分别为 33 867.82×10^4 m^3、28 445.70×10^4 m^3、17 794.97×10^4 m^3,河道蒸发浸润损失量分别为 13 188.45×10^4 m^3、11 741.20×10^4 m^3、8 957.92×10^4 m^3,地下水排泄入河道水量分别为 3 271.33×10^4 m^3、3 535.83×10^4 m^3、3 927.10×10^4 m^3,车尔臣河流域 2035 年河道渗漏补给量为 35 412.20×10^4 m^3、29 990.08×10^4 m^3、19 339.34×10^4 m^3。

规划 2045 年在 10%、15%、50% 来水频率下,大石门断面来水量分别为 137 306×10^4 m^3、121 258×10^4 m^3、87 080×10^4 m^3,车尔臣河三苇厂处河道下泄水量分别为 29 789.34×10^4 m^3、20 915.79×10^4 m^3、9 355.70×10^4 m^3,车尔臣河出山口断面至三苇厂断面,河道渗漏补给地下水量分别为 33 739.71×10^4 m^3、28 290.99×10^4 m^3、17 618.86×10^4 m^3,河道蒸发浸润损失量分别为 13 154.90×10^4 m^3、11 698.78×10^4 m^3、8 908.37×10^4 m^3,地下水排泄入河道水量分别为 3 278.93×10^4 m^3、3 548.54×10^4 m^3、3 943.91×10^4 m^3,车尔臣河流域 2045 年河道渗漏补给量为 35 284.09×10^4 m^3、29 835.36×10^4 m^3、19 163.24×10^4 m^3。

4)地下水资源量及可开采量估算

规划 2035 年车尔臣河在 10%、15%、50% 来水频率下,流域三苇厂断面以上区域地下水总补给量分别为 54 276.66×10^4 m^3、48 811.74×10^4 m^3、36 626.42×10^4 m^3,规划 2045 年车尔臣河在 10%、15%、50% 来水频率下,流域三苇厂断面以上区域地下水总补给量分别为 50 336.10×10^4 m^3、45 362.29×10^4 m^3、33 317.40×10^4 m^3(表 4.10-9)。

表 4.10-9 规划水平年车尔臣河流域地下水补给量计算表 单位：10^4 m^3

补给项	2035 年			2045 年		
	10%	15%	50%	10%	15%	50%
河谷潜流	412.47	412.47	412.47	412.47	412.47	412.47
基岩裂隙水	4 212.04	4 212.04	4 212.04	4 212.04	4 212.04	4 212.04
暴雨洪流入渗量	607.46	607.46	607.46	607.46	607.46	607.46
河道渗漏补给量	35 412.20	29 990.08	19 339.34	35 284.09	29 835.36	19 163.24
渠道渗漏补给量	1 754.94	1 746.82	1 455.54	1 312.67	1 312.67	1 098.75
田间入渗补给量	7 490.85	7 456.17	6 212.87	7 111.07	7 111.07	5 952.22
井灌入渗补给量	3 207.40	3 207.40	3 207.40	514.92	514.92	514.92
水库渗漏补给量	1 179.30	1 179.30	1 179.30	1 396.30	1 356.30	1 356.30
合计	54 276.66	48 811.74	36 626.42	50 336.10	45 362.29	33 317.40

规划 2035 年车尔臣河在 10%、15%、50%来水频率下，流域地下水可开采量为 15 957.34×10^4 m^3、14 350.65×10^4 m^3、10 768.17×10^4 m^3，规划 2045 年车尔臣河在 10%、15%、50%来水频率下，流域地下水可开采量为 14 920.15×10^4 m^3、12 904.12×10^4 m^3、8 447.51×10^4 m^3（表 4.10-10）。

表 4.10-10 规划水平年车尔臣河流域地下水资源量及可开采量估算表 单位：10^4 m^3

分项	2035 年			2045 年		
	10%	15%	50%	10%	15%	50%
地下水总补给量	54 276.66	48 811.74	36 626.42	50 336.10	45 362.29	33 317.40
地下水资源量	40 881.13	36 662.95	27 257.56	40 324.73	34 876.00	22 831.11
地下水可开采量	15 957.34	14 350.65	10 768.17	14 920.15	12 904.12	8 447.51

4.11 地下微咸水可利用量估算

据 2023 年 8 月 630 眼机井地下水 TDS 检测数据，且末县绿洲区地下微咸水分布区面积为 585.31 km²（附图 2），占取样点控制面积 1 646.14 km² 的 35.56%。据新疆水利水电勘测设计院 2023 年编制的《新疆车尔臣河流域地下水资源调查评价报告》，且末县车尔臣河流域 TDS>2 g/L 的地下水补给量为 10 278.70×10^4 m^3，按微咸水（TDS 为 2~5 g/L）面积占 TDS>2 g/L 地下水面积的 99.85%计算，微咸水开采系数取 0.60，且末县车尔臣河流域地下微咸水资源可利用量为 6 157.97×10^4 m^3。

 地下微咸水利用现状调查评价与潜力分析

5.1 微咸水现状调查

且末县地下微咸水分布区现有机井 231 眼,核定取水量为 608.95×10^4 m³/a。详见附表 1 和附图 24。

按照 2023 年 8 月且末县地下水 TDS 分区面积,按淡水和微咸水分布区面积在淡水和微咸水分布区小计中的占比(64.42%和 35.58%)折算,在 $5\,325.24\times10^4$ m³(2020—2023 年平均值)的地下水开采量中,淡水和微咸水开采量分别为 $3\,430.52\times10^4$ m³ 和 $1\,894.72\times10^4$ m³。

5.2 地下微咸水开采潜力评价

据 4.11 节,且末县车尔臣河流域地下微咸水可利用量为 $6\,157.97\times10^4$ m³;2020—2023 年微咸水平均开采量为 $1\,894.72\times10^4$ m³。计算得且末县车尔臣河流域地下微咸水开采潜力为 $6\,157.97\times10^4-1\,894.72\times10^4=4\,263.25\times10^4$ m³。

近期 2028 年开采系数取 0.4,微咸水资源可利用量按 $4\,111.48\times10^4$ m³ 进行控制,地下微咸水开采潜力为 $4\,111.48\times10^4-1\,894.72\times10^4=2\,216.76\times10^4$ m³;远期 2035 年开采系数取 0.60,地下微咸水资源可利用量为 $6\,157.97\times10^4$ m³,地下微咸水开采潜力为 $6\,157.97\times10^4-1\,894.72\times10^4=4\,263.25\times10^4$ m³。

5.3 微咸水分布概况

且末县地下微咸水具体分布在以下乡镇场和村(附图 24):塔提让镇 78 眼,其中阿亚克塔提让村 30 眼、色日克布央村 16 眼、台吐尔库勒村 15 眼、巴什塔提让村 10 眼、阿德热斯曼村 7 眼;阿克提坎墩乡 60 眼,其中色格孜勒克希庞村 38 眼、伊斯克吾塔克村 19 眼、阿克提坎墩村 2 眼、托格拉克艾格勒村 1 眼;英吾斯塘乡 26 眼,其中吐排吾斯塘村 12 眼、英吾斯塘村 4 眼、塔格艾日克村 4 眼、铁日克勒克库勒村 2 眼、艾盖西铁日木村 2 眼、阿瓦提村 2 眼;阔什萨特玛乡 25 眼,其中阿勒玛铁热木村 14 眼、托盖苏拉克村 8 眼、阔什萨特玛村 3 眼;巴

格艾日克乡克仁艾日克村13眼;阿羌镇9眼,其中阿羌村4眼、依山干村3眼、萨尔干吉村1眼、哈特勒什村1眼;新宁公司8眼;恰瓦勒墩河东开发区(阿克提坎墩乡恰瓦勒墩村)5眼;昆其布拉克牧场(阿羌乡)5眼;奥依亚依拉克镇2眼。

5.4 近期2028年微咸水开发利用方案

近期2028年地下微咸水开采潜力为2216.76×10^4 m³。

按地下微咸水分布区平均单井出水量8.20×10^4 m³(地下微咸水机井231眼、2020—2023年微咸水平均开采量为1894.72×10^4 m³)计,近期2028年可增加地下微咸水开采量2216.76×10^4 m³,需要新增机井270眼。

地下微咸水分布区位于承压水区,含水层类型为潜水-承压水多层结构含水层,主要开采含水层(承压含水层)岩性为砂或粉砂,开采方式为潜水与承压水混合开采。依据表4.1-1所列含水层岩性为砂或粉砂的STK10、STK12、JJC044、STK07、STK13等5个钻孔的抽水降深(4.30~12.22 m,平均8.87 m)、渗透系数(3.31~10.32 m/d,平均6.56 m/d),按平均抽水降深、平均渗透系数计,应用经验公式$R=10s_w\times K^{0.5}$,算得开采时抽水井的影响半径为227 m,即与已有机井的距离不小于227 m。

控制水位按2024年7月(低水位期)实测地下水位埋深(附图21)设定。

各乡镇场可增加地下微咸水开采量、可新增微咸水开采机井数、控制水位(地下水位埋深)等见表5.4-1。

2028年10月对各乡镇场地下微咸水开采状况进行评估,对低水位期(7—8月)超过控制水位的乡镇场,需减少10%的地下微咸水开采量,以确保地下水位相对稳定,进而确保地下微咸水开采对灌区周边的荒漠生态环境不产生影响。

表5.4-1 各乡镇场2028年地下微咸水可利用量、可新增地下微咸水开采量、可新增机井数与低水位期控制水位

乡镇场	村	现有地下微咸水机井数/眼	年地下微咸水可利用量/10^4 m³	年可新增地下微咸水开采量/10^4 m³	可新增机井数/眼	低水位期控制水位/m
塔提让镇	阿亚克塔提让村	30	533.96	287.89	35	3
	色日克布央村	16	284.78	153.54	19	
	台吐尔库勒村	15	266.98	143.95	18	
	巴什塔提让村	10	177.99	95.96	12	
	阿德热斯曼村	7	124.59	67.17	8	
	小计	78	1388.30	748.51	92	

续表 5.4-1

乡镇场	村	现有地下微咸水机井数/眼	年地下微咸水可利用量/10^4 m³	年可新增地下微咸水开采量/10^4 m³	可新增机井数/眼	低水位期控制水位/m
阿克提坎墩乡	色格孜勒克希庞村	38	676.35	364.66	45	3
	伊斯克吾塔克村	19	338.17	182.33	22	
	阿克提坎墩村	2	35.60	19.19	2	
	托格拉克艾格勒村	1	17.80	9.60	1	
	小计	60	1 067.92	575.78	70	
英吾斯塘乡	吐排吾斯塘村	12	213.58	115.16	14	5
	英吾斯塘村	4	71.19	38.39	5	
	塔格艾日克村	4	71.19	38.39	5	
	铁日克勒克库勒村	2	35.60	19.19	2	
	艾盖西铁日木村	2	35.60	19.19	2	
	阿瓦提村	2	35.60	19.19	2	
	小计	26	462.76	249.51	30	
阔什萨特玛乡	阿勒玛铁热木村	14	249.18	134.35	16	3
	托盖苏拉克村	8	142.39	76.77	9	
	阔什萨特玛村	3	53.40	28.79	4	
	小计	25	444.97	239.91	29	
巴格艾日克乡	克仁艾日克村	13	231.38	124.75	15	3
阿羌镇	阿羌村	4	71.19	38.39	5	6
	依山干村	3	53.40	28.79	4	
	萨尔干吉村	1	17.80	9.60	1	
	哈特勒什村	1	17.80	9.60	1	
	小计	9	160.19	86.38	11	
新宁公司		8	142.38	76.77	9	6
恰瓦勒墩河东开发区		5	88.99	47.98	6	6
昆其布拉克牧场		5	88.99	47.98	6	6
奥依亚依拉克镇		2	35.60	19.19	2	8
合计		231	4 111.48	2 216.76	270	

注：以 2020—2023 年平均地下微咸水实际开采量为基数。

5.5 远期 2035 年微咸水开发利用方案

远期 2035 年开采系数取 0.60，地下微咸水资源可利用量为 $6\,157.97\times10^4$ m³，地下微咸水开采潜力为 $4\,263.25\times10^4$ m³。

按地下微咸水分布区平均单井出水量 8.20×10^4 m³ 计，远期 2035 年可增加地下微咸水开采量 $4\,263.25\times10^4$ m³，可新增微咸水机井 520 眼。

地下微咸水分布区位于承压水区，含水层类型为潜水—承压水多层结构含水层，主要开采含水层（承压含水层）岩性为砂或粉砂，开采方式为潜水与承压水混合开采。按照 5.4 节方法计算出开采时抽水井的影响半径为 227 m，即与已有机井的距离不小于 227 m。

控制水位按 2024 年 7 月（低水位期）实测地下水位埋深（附图 21）设定。

各乡镇场可增加地下微咸水开采量、可新增微咸水开采机井数、控制水位（地下水位埋深）等见表 5.5-1。

表 5.5-1 各乡镇场 2035 年地下微咸水可利用量、可新增地下微咸水开采量、可新增机井数与低水位期控制水位

乡镇场	村	现有地下微咸水机井数/眼	年地下微咸水可利用量/10^4 m³	年可新增地下微咸水开采量/10^4 m³	可新增机井数/眼	低水位期控制水位/m
塔提让镇	阿亚克塔提让村	30	799.74	553.67	67	3
	色日克布央村	16	426.53	295.29	36	
	台吐尔库勒村	15	399.87	276.83	34	
	巴什塔提让村	10	266.58	184.56	23	
	阿德热斯曼村	7	186.61	129.19	16	
	小计	78	2 079.33	1439.54	176	
阿克提坎墩乡	色格孜勒克希庞村	38	1013.00	701.31	86	3
	伊斯克吾塔克村	19	506.50	350.66	43	
	阿克提坎墩村	2	53.32	36.91	4	
	托格拉克艾格勒村	1	26.66	18.46	2	
	小计	60	1 599.48	1 107.34	135	

续表 5.5-1

乡镇场	村	现有地下微咸水机井数/眼	年地下微咸水可利用量/10^4 m³	年可新增地下微咸水开采量/10^4 m³	可新增机井数/眼	低水位期控制水位/m
英吾斯塘乡	吐排吾斯塘村	12	319.88	221.46	26	5
	英吾斯塘村	4	106.63	73.82	9	
	塔格艾日克村	4	106.63	73.82	9	
	铁日克勒克库勒村	2	53.32	36.91	5	
	艾盖西铁日木村	2	53.32	36.91	5	
	阿瓦提村	2	53.32	36.91	5	
	小计	26	693.10	479.83	59	
阔什萨特玛乡	阿勒玛铁热木村	14	373.20	258.37	31	3
	托盖苏拉克村	8	213.26	147.65	18	
	阔什萨特玛村	3	79.97	55.37	7	
	小计	25	666.43	461.39	56	
巴格艾日克乡	克仁艾日克村	13	346.55	239.92	29	3
阿羌镇	阿羌村	4	106.63	73.82	9	6
	依山干村	3	79.97	55.37	7	
	萨尔干吉村	1	26.66	18.46	2	
	哈特勒什村	1	26.66	18.46	2	
	小计	9	239.92	166.11	20	
新宁公司		8	213.26	147.65	18	6
恰瓦勒墩河东开发区		5	133.29	92.28	11	6
昆其布拉克牧场		5	133.29	92.28	11	6
奥依亚依拉克镇		2	53.32	36.91	5	8
合计		231	6157.97	4263.25	520	

注：以 2020—2023 年平均地下微咸水实际开采量为基数。

6 结论与建议

6.1 结 论

(1)且末县土壤中非盐化、轻盐化、中盐化、重盐化和盐土的面积分别为 $9.60×10^4$ 亩、$7.19×10^4$ 亩、$7.59×10^4$ 亩、$4.57×10^4$ 亩、$3.97×10^4$ 亩,占比分别为 29.2%、21.8%、23.1%、13.9%、12.0%,通过改良可以开发利用的轻盐化、中盐化、重盐化土壤累计占 58.8%。

(2)据 2023 年 8 月 630 眼机井地下水 TDS 检测数据,且末县绿洲区地下微咸水分布区面积为 585.31 km²,占取样点控制面积 1 646.14 km² 的 35.56%。

(3)据 2024 年 3 月且末县绿洲区高水位期地下水位统测(62 眼井)资料,在地下水位统测井控制的 2 526.80 km² 区域内,地下水位埋深≤3 m 的区域面积为 1 125.76 km²(占44.55%),且末县绿洲区土壤盐渍化的潜在风险较大,合理开采地下微咸水分布区地下水有利于降低土壤盐渍化的潜在风险。

(4)且末县车尔臣河流域 TDS>2 g/L 的地下水补给量为 $10 278.70×10^4$ m³/a,可利用量为 $6 157.97×10^4$ m³/a。2020—2023 年多年平均微咸水开采量为 $1 894.72×10^4$ m³/a,地下微咸水开采潜力为 $4 263.25×10^4$ m³/a。近期 2028 年开采系数取 0.4,微咸水资源可利用量按 $4 111.48×10^4$ m³ 进行控制,地下微咸水开采潜力为 $2 216.76×10^4$ m³,可新增微咸水机井 270 眼;远期 2035 年开采系数取 0.6,地下微咸水资源可利用量为 $6 157.97×10^4$ m³,地下微咸水开采潜力为 $4 263.25×10^4$ m³,可新增微咸水机井 520 眼。新增微咸水机井与已有机井(包括已有淡水机井和已有微咸水机井)的距离应不小于 227 m。

(5)且末县地下微咸水主要分布在塔提让镇、阿克提坎墩乡、英吾斯塘乡和阔什萨特玛乡。

6.2 建 议

1)开展新一轮且末县绿洲区地下微咸水可利用量评价

《新疆第三次地下水资源评价》依据的资料系列为 2001—2016 年,评价精度为 1∶25 万,不宜作为县域地下水资源(含地下微咸水资源)利用方案的依据;2017 年以来,且末县农田水利状况发生了较大的变化,进而导致地下水补给、径流与排泄条件也发生了较大的变化。因此,为确定科学合理的且末县绿洲区地下微咸水可利用量,急需依据 2017—2025 年的资料系列开展新一轮的且末县地下水资源量评价。

评价目标：依据2017—2025年的相关数据重新计算或评价地下水补给量、地下水资源量、地下水可开采量，综合考虑水量、水质条件对地下水开采进行优化布局（优化调整机电井），优化调整地下水监测井，为优化开采且末县平原区地下水资源，监控地下水位与水质的变化趋势提供科学依据，实现且末县地下水资源的合理利用与有效保护。

新一轮地下水资源评价的主要任务：地下水资源量和水质的调查与评价；微咸水分布区域圈定；现有机电井的优化设置；地下水监控点的合理布置与确定在线监测设备费的预算。

新一轮地下水资源评价的主要工作内容如下。

①补充水文地质调查。高水位期（2026年3月）、低水位期（2026年8月）地下水位统测；高水位期（2026年3月）、低水位期（2026年8月）地表水与地下水水样采集与测试；地下水开采量（机电井抽水量）复核（代表性机电井抽水的水电折算比调查）；2017—2025年地下水均衡计算相关资料收集。

②地下水质量现状调查评价与地下水硼来源解析。依据2026年地下水水质测试结果，圈定微咸地下水分布区；分别评价地下水质量、生活用水质量、灌溉用水质量现状，简要分析其成因；重点解析地下水硼的来源，圈定适宜城乡生活供水的地下水水源地1处。

③地下水均衡计算与分析。依据2017—2025年的相关数据重新计算或评价地下水补给量、地下水资源量、地下水可开采量；对比分析1980—2000年、2001—2016年、2017—2025年多年平均地下水补给量、地下水资源量、地下水可开采量的变化趋势，简要分析其原因。

④基于地下水流数值模拟的地下水优化开采布局研究。整合平原区水文地质勘查成果、地下水位监测与统测资料，以及且末县水资源利用规划，建立且末县平原区地下水流数值模拟模型，提出综合考虑生态地下水位（维护生态安全）、地下水水质（优化地下水开采区水质不咸化）的地下水优化开采布局方案。

⑤地下水监测井网优化。综合考虑已有地下水位监测井（国家级、自治区级、自治州级）的分布及地下水流数值模拟结果，优化地下水位监测井位，新增15眼地下水位监测井（地下淡水分布区新增的7眼监测井从138眼多年未使用、备案为抗旱机井中优选，地下微咸水分布区新增的8眼监测井需要施工新井），提出在线监测技术方案与运行经费预算。

2）合理利用地下微咸水资源

目前且末县微咸水主要是灌溉利用模式，灌溉主要是直接灌溉、咸淡混灌，没有严格意义上的咸淡轮灌。

且末县咸淡混灌主要是将机井水注入渠道之中，与车尔臣河河水混合后，供灌溉使用。

车尔臣河地表水矿化度较低（2023年6月实测第一分水枢纽河水TDS为0.70 g/L，二号大桥河水TDS为0.95 g/L，平均为0.83 g/L），地下水实测TDS范围为0.64~6.15 g/L。

为实现地下微咸水开发利用，采用地下微咸水与地表水混灌，通过地表水与地下微咸水的混合，使混合后水的TDS≤2 g/L。当地下水TDS≤2 g/L时，直接灌溉，不需要与地表水混合；当地下水TDS在2~5 g/L之间时，则需要与地表水混合至TDS≤2 g/L后再灌溉。

混合比计算公式：地表水/地下水＝（地下水TDS－2）/（2－地表水TDS），式中TDS单位为g/L。

依据 2023 年 6 月地表水和地下水水质（以 TDS 为指标）检测结果，计算地下水与地表水的混合比，结果见表 6.2-1。

表 6.2-1　且末县地表水（TDS＝0.83 g/L）与地下微咸水混灌的水量混合比

地下微咸水 TDS/(g·L^{-1})	2.1	2.2	2.3	2.4	2.5	2.6	2.7	2.8	2.9	3.0
水量混合比（地表水/地下微咸水）	0.085	0.171	0.256	0.342	0.427	0.513	0.598	0.684	0.769	0.855
地下微咸水 TDS/(g·L^{-1})	3.1	3.2	3.3	3.4	3.5	3.6	3.7	3.8	3.9	4.0
水量混合比（地表水/地下微咸水）	0.940	1.026	1.111	1.197	1.282	1.368	1.453	1.538	1.624	1.709
地下微咸水 TDS/(g·L^{-1})	4.1	4.2	4.3	4.4	4.5	4.6	4.7	4.8	4.9	5.0
水量混合比（地表水/地下微咸水）	1.795	1.880	1.966	2.051	2.137	2.222	2.308	2.393	2.479	2.564

3）完善地下水监测网

完善地下水监测网，对地下水位、地下水水质进行长期、高频次监测，及时准确地掌握地下水位和地下水水质的变化情况，及时调整地下水开发利用布局及开采量，以避免出现地下水超采局面，预防地下水水质咸化。

依据《地下水监测规范》（SL/T 183—2005），中等开采区地下水位监测井网密度应达到 0.6～1.2 眼/100 km^2。目前且末县地下水动态监测井数量较少，且地下水监测深度较浅，监测层位与地下水现状开采目的层不一致，远远达不到规范的要求，应结合且末县地下水开采现状及超采区分布，进行地下水监测站网布设。

且末县现仅有地下水位监测井 15 眼，其中国家级地下水监测井 3 眼（编号分别为 961502、961501、972380）、自治区级地下水位监测井 4 眼、地州级地下水位监测井 8 眼（附图 19）。仅 3 眼国家级监测井对地下水水质进行了每年一期的采样监测，地下水位监测井密度为 6.6 眼/10^3 km^2（仅达到 SL 183—2005 中 6～12 眼/10^3 km^2 的最低要求），地下水水质监测井密度仅为 13 眼/10^3 km^2（达到 SL 183—2005 中 6～12 眼/10^3 km^2 的要求）。

地下微咸水资源分布区缺少必要的地下水监测井，无法满足地下微咸水资源开发利用的要求。

在且末县现有 15 眼地下水监测井的基础上，新增 15 眼监测井（其中地下微咸水资源分布区 8 眼）。新增的地下淡水分布区的 7 眼监测井从 138 眼多年未使用、备案为抗旱机井中筛选，新增的 8 眼地下微咸水资源分布区监测井需要施工新井（井深 80 m）。新增 15 眼监测井后,且末县监测井总数为30眼,地下水位监测井密度为13.2眼/10^3 km²(超过SL183—2005中6～12眼/10^3 km²的上限要求)。

人工监测:地下水动态监测频次宜按每季度1次执行,分别在每年3月15日、6月15日、9月15日和12月15日观测,观测水位应测量两次,时间间隔不应少于1min,取两次水位的平均值,两次测量允许偏差为±0.02 m。地下水位监测精度以米为单位,精确到小数点后第二位,测量工具的精度必须符合国家计量检定规程允许的误差规定。每次测量结果应当场核查,发现反常及时补测,保证监测资料真实、准确、完整、可靠。

自动监测:水位自动监测要求每天4时、8时、12时、16时、20时和24时应有监测记录,并记录日内最高水位、最低水位及其监测时间。水位自动监测允许精度误差为±0.01 m。每月应对自动监测仪器检查、校测1次,当校测的水位监测误差的绝对值大于0.01 m时,应对自动监测仪器进行校正,校正方法按照《水位观测标准》(GB/T 50138—2010)执行。

编制地下水位变化通报:充分利用且末县地下水监测井(附图25)地下水位监测数据,每年2月、5月、8月、11月,编制《且末县地下水位变化通报》,实时掌握全县地下水位变化情况,实时调整地下水开采量,确保区域生态安全。

4)地下水开采量监测系统建设

为切实加强水资源节约与保护,落实最严格的水资源管理制度,坚决遏制乱采滥采地下水行为,依据《新疆维吾尔自治区地下水资源管理条例》,结合且末县实际,且末县应做好地下水开采量监测系统建设,以下称为井电双控系统建设。

井电双控系统建设的目的:通过安装智能计量、监控设施,建立且末县井电双控的信息系统平台,实现对地下水资源的依法管理,以及总量控制、定额管理、以水定电、以电控水、节约奖励、超用限量、保护生态环境的目标,同时为农业水权水价改革奠定基础。通过井电双控系统,制定区域地下水开采量计划,将地下水年度开采指标分配到每眼井,未安装井电双控设施的机井严禁运行开采地下水。

井电双控系统建设的目标:规模以上的管井(管内径≥200 mm)能够正常使用抽水井。以最新的机井详细调查数据为基础,禁采区内机井,除了消防用水井,其他机井必须进行关停处理,不再安装控制设备。

监控内容要求:单井以测控水量为主、测控电量为辅,最终实现以电控水的目的。水电监控频率宜为10min,地下水位监测每天不少于2次,1%～2%的单井增加地下水位长期观测任务。

5)完善地下水开采监控体系

加大对地下水取用水户计量设施的管控力度(井电双控),加强监控设备巡视,发现有损坏的立即修复;对于偷采、盗采的用水户予以从重处罚,提高井电双控措施的实际有效利用率,科学管控地下水开采。

6)进一步加强机井建设及地下水开采管理工作

政府管理部门应加强机井建设及地下水开采的管理工作,进一步提高井电双控设施安装率及上线率,准确掌握地下水开采状态,为制定水资源开发利用对策提供依据。

7)水资源保护信息管理决策支持系统建设

运用现代化的信息技术、通信技术、计算机技术,建立水资源信息管理决策支持系统,解决目前水资源信息人工管理速度慢、过程长、工作量大、技术落后等问题,为实现且末县水资源合理开发和管理保护提供先进技术和条件,快速准确地对全县水资源信息实施有效管理和决策,实现且末县水资源的优化配置和统一管理,保障且末县社会经济、水资源与生态环境之间的协调、健康和可持续发展,具有重大而现实的意义。

系统建设目标:建立且末县水资源信息管理分中心,实现自治区与地区、且末县及流域机构水资源信息管理的网上查询,网上快速服务,达到信息资源共享,实现各种水资源管理信息在网络上或电子介质中的交换和接收,提高水资源管理的现代化水平,为且末县水资源开发利用、管理保护、优化配置提供信息,以提高水资源管理人员的管理效率,提高领导进行水资源决策的正确性服务。完成且末县水资源信息管理系统安装、功能调试、信息装载、系统维护、信息查询、信息输出等功能的开发,建成且末县水资源信息管理数据库;对各级水资源信息管理数据库管理人员进行技术培训;建立且末县水资源信息管理系统分中心与巴州水资源信息管理系统中心的连接。

8)加强地下水科研工作,支撑且末县地下水可持续开发利用

①开展微咸水灌溉试验。2026—2028年开展3个灌溉期的微咸水灌溉试验,分析农作物产量、土壤盐分积累规律,制定科学合理的地下微咸水灌溉制度与灌溉方法。

②开展土壤含盐量监测。在全县范围内,上、中、下灌区,分别在纯井灌区、轮灌区、混灌区各选3块地,逐年定点采样化验,分析不同灌溉模式下,土壤不同深度的盐分积累情况,并结合地下水位监测数据,分析盐分的运移规律。

③开展地下水位精准调控。在对现状充分调研的基础上,构建区域性地下水流数值模拟模型,研究不同河道来水、农田用水情境下典型灌区的地下水运动规律,结合水质评价标准,标定典型灌区各机井的水质类型,分析满足不同生态安全阈值条件下的井群开采模式和地下水可开采量,阐明地下水水量、水质时空分布特性,提出不同采补关系和水文地质条件的地下水位精准调控技术模式。

④开展咸淡结合地表—地下水量水质联合调配与优化调度。根据合理地下水位控制下开采的地下水水量、水质时空分布信息,研究地表水—地下水咸淡结合灌溉的分布式用水需求,分析轮灌、混灌等咸淡结合分区与水资源调度网络概化图,构建河水—地下淡水—地下微咸水多水源引输配全过程的水量水质协同优化调度模型。并在灌区内分片区提出不同水源来水情境下,基于生态安全的水量、水质协同调度规则与方案,明确地下水位控制下的相应地下水的灌、排规模与时空分布,提出干旱区多水源水质水量联合调配模式。

⑤开展多尺度水盐运移与灌排协同调控模式研究。在田间尺度上,研究地下水位控制的竖井抽排与咸淡结合灌溉制度对土壤盐分运移及淋洗的耦合作用关系,构建土壤水盐动力学模型,模拟分析土壤盐分在地下水位控制的时空分布规律,提出田间尺度水盐精准调控措施;在灌区尺度上,结合地下水水量、水质时空分布,研究竖井排水、水平排水、容泄区三者间的竞合博弈关系,构建区域地下水、土壤水及灌排系统耦合调控模拟模型,开展竖井排灌不同灌排协同模式下的区域水盐运移模拟预测,提出灌区尺度基于地下水位控制的盐分区

域平衡调控模式。

⑥开展盐渍化农田劣质水安全灌溉技术研究。在灌区内,针对抽提的地下劣质水可以淡化的片区,研究地表水、地下水轮灌、混灌等不同方式下,滴灌灌溉盐渍化农田的土壤盐分定向驱离作物根区的适宜灌溉制度,研究微咸水长期滴灌农田盐分原位滞留积累规律,绘制盐分在土壤原位存在的风险图谱,确定土壤盐碱影响健康等级,构建且末县盐渍化农田劣质水混轮灌的安全灌溉模式。

⑦开展灌区盐碱地治理灌排协同调控长效机制研究。在科学分析井群抽提地下水的成本水价基础上,提出竖井排水费用解决方法和途径,制定地表水—地下水两水统筹使用的价格体系。制定排水资源化利用的奖励和优惠政策,促进形成盐碱地特色农业产品,为工业反哺农业提供技术支撑。

⑧开展水盐智能调配决策系统与生态安全监测评价。选择典型灌区,建立地下水、地表水信息物理底板,开发基于地下水—地表水混轮灌制度和劣质水资源化使用的水盐智能监测、调配、调度和决策系统。构建灌区水盐及天然植被生态安全监测网络,制定灌区生态安全指标体系和评价准则,实现灌区的"四预"智慧管理。

⑨开展"六位一体"盐碱地综合治理技术集成示范。选择1个典型灌区,综合运用地下水位精准控制技术、竖井排灌技术、劣质水安全灌溉技术、排水资源化利用技术、盐碱土壤障碍层破除与地力提升技术、抗盐作物适生种植技术等,分别开展田间尺度上盐分在土壤安全深度滞存和灌区尺度上盐分在区域间均衡的地下水位调控与节水、治盐、增效和生态安全"六位一体"的综合治理模式应用示范。

主要参考文献

毕文平,林栋,毛晓敏,2024.南疆棉田微咸水膜下滴灌土壤水热盐二维运移规律及适宜灌溉制度[J].农业工程学报,40(23):155-168.

常新月,高茂生,罗锡明,等,2024.山东北部泥质海岸带白浪河地区地下水水化学演化过程[J].海洋地质前沿,40(3):64-74.

陈麟,2020.咸淡水过渡区中地下水微生物群落结构与多样性特征研究[D].北京:中国地质大学(北京).

董新光,邓铭江,2005.新疆地下水资源[M].乌鲁木齐:新疆科学技术出版社.

季晓云,陈亚楠,周春煦,2022.南通市微咸水开发利用现状及资源化建议探析[J].地下水,44(4):65-67.

李进,龚绪龙,张岩,等,2021.连云港地区地下咸水水化学特征及其成因分析[C]//中国环境科学学会环境工程分会.中国环境科学学会2021年科学技术年会——环境工程技术创新与应用分会场论文集(二).天津:中国环境科学学会环境工程分会:110-117.

李胜,2022.微咸水利用潜力分析及水资源优化配置研究[D].保定:河北农业大学.

廖会娟,柴勇,角媛梅,等,2024.高原山地—湖泊地区雨季地表水补给来源的空间格局及形成机制[J].地理学报,79(7):1862-1879.

刘聪丽,刘飞,甄品娜,等,2025.河北典型压采区地下水水化学变化特征及控制因素[J].环境科学,46(4):2193-2205.

彭永倩,王则玉,朱连勇,等,2024.磁化微咸水对南疆盐渍土壤水分入渗及盐分淋出特征的影响[J].节水灌溉(9):21-29.

苏永军,黄忠峰,匡海阳,等,2014.EH4电磁成像系统在莱州湾地区探测海水入侵界限的调查研究[J].地质调查与研究,37(4):264-268.

孙寅鹤,2000.高密度电阻率法在工程、环境及地质勘察中的应用[J].地质装备,1(4):20-27.

王博欣,王婷,冯俊玲,等,2023.邯郸市非常规水(微咸水)综合利用研究[M].北京:地质出版社.

王海军,2017.人工井液电阻率测井在煤田水文地质勘查中的应用[J].煤田地质与勘探,45(5):155-160.

王海军,马良,2019.人工井液电阻率测井测量时间确定方法[J].煤田地质与勘探,47(2):189-194.

王静,2019.阿拉尔绿洲植被与苦咸水分布的关系研究[D].石河子:石河子大学.

魏海霞,周健,王莉莉,等,2013.咸水灌溉对9种绿化树种生长的影响[J].中国农学通报,29(28):66-71.

修源,徐征和,王昕,等,2016.利津县黄河滩区地下咸淡水分布研究[J].中国农村水利水电(3):107-111,116.

徐丽丽,束龙仓,李伟,等,2023.2000—2020年中国地下水开采时空演变特征[J].水资源保护,39(4):79-85.

徐天渊,贾振江,李王成,等,2021.宁夏中部干旱带微咸水灌溉对砂土混合覆盖下土壤水盐运移的影响[J].干旱地区农业研究,39(5):138-144.

徐祖霖,2021.基于高密度电阻率法的咸淡水界面监测与数值模拟研究[D].北京:中国地质大学(北京).

杨培岭,王瑜,任树梅,等,2020.咸淡水交替灌溉下土壤水盐分布与玉米吸水规律研究[J].农业机械学报,51(6):273-281.

杨树青,史海滨,苏瑞东等,2017.内蒙古河套灌区微咸水利用模式研究及水土环境预测评估[M].北京:科学出版社.

袁超国,2022.馆陶县微咸水时空演变分析研究[D].邯郸:河北工程大学.

中国地质调查局,2012.水文地质手册[M].2版.北京:地质出版社.

周金龙,胡顺军,汪丙国,等,2013.塔里木盆地中盐度地下水棉花膜下滴灌技术开发与示范[M].北京:中国水利水电出版社.

邹长江,吴彬,杜明亮,等,2024.阿克苏河流域平原区咸水分布及成因分析[J/OL].环境科学:1-17[2025-4-30].https://link.cnki.net/urlid/11.1895.X.20240923.1649.014.

ABDELRAHEEM A,ESMAEILI N,O'CONNELL M,et al.,2019. Progress and perspective on drought and salt stress tolerance in cotton[J]. Industrial Crops and Products, 130:118-129.

DAHLIN T,2001. The development of DC resistivity imaging techniques[J]. Computers & Geosciences,27(9):1019-1029.

DAS K,GANGULY S,MAJUMDER P,et al.,2025. Interaction of shallow and deep groundwater with a tropical ocean: Insights from radiogenic ($^{87}Sr/^{86}Sr$) and stable isotope cycling and fluxes[J]. Journal of Hydrology,650:132479.

GARG N,CHOUDHARY O P,THAMAN S,et al.,2022. Effects of irrigation water quality and NPK-fertigation levels on plant growth, yield and tuber size of potatoes in a sandy loam alluvial soil of semi-arid region of Indian Punjab[J]. Agricultural Water Management,266:107604.

GAYDON D S,RADANIELSON A M,CHAKI A K,et al.,2021. Options for increasing Boro rice production in the saline coastal zone of Bangladesh[J]. Field Crops Research, 264:108089.

GOMAA M A,ABO M M,EL-FADL M M A,et al.,2015. Hydrogeochemistry of El-Negila basin, North Western Coast to delineate the best sites of water desalination for sustainable development[J]. Journal of American Science,11(10):62-74.

LEE D J, HOWITT R E, MARIÑO M A, 1993. A stochastic model of river water quality: Application to salinity in the Colorado River[J]. Water Resources Research, 29(12): 3917 - 3923.

MARKOGIANNI V, DIMITRIOU E, KARAOUZAS I, 2014. Water quality monitoring and assessment of an urban Mediterranean lake facilitated by remote sensing applications. [J]. Environmental Monitoring and Assessment, 186(8): 5009 - 5026.

MORSY M S, HADIDY E M S, 2025. Hydrogeological characterization and seawater intrusion inference in the coastal aquifer, using groundwater chemistry and remote sensing data[J]. Groundwater for Sustainable Development, 28: 101399.

SRINIVASAN J T, REDDY V R, 2009. Impact of irrigation water quality on human health: A case study in India[J]. Ecological Economics, 68(11): 2800 - 2807.

SWARTZ J H, 1937. Resistivity - studies of some salt - water boundaries in the Hawaiian Islands[J]. Eos Transactions American Geophysical Union, 18(2): 387 - 393.

WIDIASA I N, YOSHI L A, 2016. Techno economy analysis a small scale reverse osmosis system for brackish water desalination[J]. International Journal of Science and Engineering, 10(2): 51 - 57.

附 表

附表1 且末县县绿洲区地下微咸水分布区核定机井取水量与2023年8月地下水TDS汇总表

所在区域	土地性质	土地面积/亩	核定取水量/(10^4 m³/a^{-1})	取水方式	取水用途	机井编号	TDS/(g·L^{-1})
新宁公司	国有	500	0.4	单井	其他取水	XN-27	2.13
新宁公司	国有	500	0.4	单井	其他取水	XN-28	2.11
新宁公司	国有	500	0.4	单井	其他取水	XN-37	2.07
新宁公司	国有	500	0.4	单井	其他取水	XN-39	2.15
新宁公司	国有	500	0.4	单井	其他取水	XN-40	2.15
新宁公司	国有	500	0.4	单井	其他取水	XN-43	2.03
新宁公司	国有	500	0.4	单井	其他取水	XN-44	2.11
新宁公司	国有	500	0.4	单井	其他取水	XN-45	2.13
英吾斯塘乡英吾斯塘村	集体（18年合同）	73	1.168	单井	农业取水	Y-348	4.06
英吾斯塘乡英吾斯塘村	村协议	64	1.024	单井	农业取水	Y-317	4.09
英吾斯塘乡英吾斯塘村	国有	86.5	0.692	单井	农业取水	Y-520	2.08
英吾斯塘乡英吾斯塘村	国有	113.25	0.906	单井	农业取水	Y-316	4.11
英吾斯塘乡吐排吾斯塘村	集体	46	0.736	单井	农业取水	TT-321	2.14
英吾斯塘乡吐排吾斯塘村	证明（集体土地）	150	2.4	单井	农业取水	TT-318	3.45
英吾斯塘乡吐排吾斯塘村	集体	41	0.656	单井	农业取水	TT-325	2.35

续附表1

所在区域	土地性质	土地面积/亩	核定取水量/($10^4 m^3/a^{-1}$)	取水方式	取水用途	机井编号	TDS/($g \cdot L^{-1}$)
英吾斯塘乡吐排吾斯塘村	集体	350	5.6	单井	农业取水	Y-303	2.36
英吾斯塘乡吐排吾斯塘村	国有	300.79	2.406 32	单井	农业取水	Y-306	2.16
英吾斯塘乡吐排吾斯塘村	国有	336.13	2.689 04	单井	农业取水	Y-305	2.08
英吾斯塘乡吐排吾斯塘村	国有	229.6	1.836 8	单井	农业取水	Y-519	2.03
英吾斯塘乡吐排吾斯塘村	国有	526.84	4.214 72	单井	农业取水	Y-309	2.11
英吾斯塘乡铁日克勒克库勒村	村协议	100	1.6	单井	农业取水	Y-518	2.31
英吾斯塘乡铁日克勒克库勒村	村协议	220	3.52	单井	农业取水	Y-517	2.17
英吾斯塘乡塔格艾日克村	国有	99.1	0.792 8	单井	农业取水	Y-301	2.21
英吾斯塘乡塔格艾日克村	乡协议	40	0.64	单井	农业取水	Y-516	2.14
英吾斯塘乡塔格艾日克村	集体	32	0.512	单井	农业取水	Y-514	4.44
英吾斯塘乡艾盖西铁日木村	乡协议	100	1.6	单井	农业取水	Y-512	2.11
英吾斯塘乡艾盖西铁日木村	集体	31.25	0.5	单井	农业取水	Y-310	2.39
英吾斯塘乡艾盖西铁日木村	国有	135.8	1.086 4	单井	农业取水	Y-335	2.16
英吾斯塘乡阿瓦提村	30年合同(证明)	34.3	0.548 8	单井	农业取水	Y-320	4.01
英吾斯塘乡阿瓦提村	国有	279.34	2.234 72	单井	农业取水	Y-347	4.04
塔提让镇台吐尔库勒村	集体(证明)	90	1.44	单井	农业取水	TT-301	2.24
塔提让镇台吐尔库勒村	集体	20	0.32	单井	农业取水	TT-323	2.17
塔提让镇台吐尔库勒村	集体	34.8	0.556 8	单井	农业取水	TT-331	3.46
塔提让镇台吐尔库勒村	证明(集体土地)	92	1.472	单井	农业取水	TT-307	2.35

续附表 1

所在区域	土地性质	土地面积/亩	核定取水量/($10^4 m^3/a^{-1}$)	取水方式	取水用途	机井编号	TDS/($g·L^{-1}$)
塔提让镇合吐尔库勒村	税据(国有)	260	2.08	单井	农业取水	TT-313	2.45
塔提让镇合吐尔库勒村	集体	116	1.856	单井	农业取水	TT-336	3.53
塔提让镇合吐尔库勒村	集体	385.7	6.171 2	单井	农业取水	TT-329	2.40
塔提让镇合吐尔库勒村	集体	315	5.04	单井	农业取水	ttr-3	2.38
塔提让镇合吐尔库勒村	集体	435.6	6.969 6	单井	农业取水	TT-327	2.66
塔提让镇合吐尔库勒村	集体	128	2.048	单井	农业取水	TT-315	3.47
塔提让镇合吐尔库勒村	集体	126.5	2.024	单井	农业取水	TT-317	3.49
塔提让镇合吐尔库勒村	村合同	80	1.28	单井	农业取水	TT-316	3.41
塔提让镇合吐尔库勒村	集体	203	3.248	单井	农业取水	ttr-2	3.39
塔提让镇合吐尔库勒村	集体	329.6	5.273 6	单井	农业取水	TT-328	2.45
塔提让镇合吐尔库勒村	集体	50	0.8	单井	农业取水	TT-333	3.45
塔提让镇色日克日布央村	集体	112	1.792	单井	农业取水	TT-360	2.39
塔提让镇色日克日布央村	集体	214	3.424	单井	农业取水	TT-359	2.52
塔提让镇色日克日布央村	集体	177.5	2.84	单井	农业取水	TT-364	2.29
塔提让镇色日克日布央村	国有	31.25	0.5	单井	其他取水	TT-368	2.33
塔提让镇色日克日布央村	集体	340	2.72	单井	农业取水	TT-441	2.75
塔提让镇色日克日布央村	集体	66	1.056	单井	农业取水	TT-528	3.08
塔提让镇色日克日布央村	集体	92.4	1.478 4	单井	农业取水	TT-527	3.83
塔提让镇阿亚克塔提让村	证明(集体)	94	1.504	单井	农业取水	TT-384	2.46

续附表 1

所在区域	土地性质	土地面积/亩	核定取水量/(10^4 m³·a⁻¹)	取水方式	取水用途	机井编号	TDS/(g·L⁻¹)
塔提让镇阿亚克塔提让村	集体	135.6	2.169 6	单井	农业取水	TT-515	3.00
塔提让镇阿亚克塔提让村	证明(集体)	100	1.6	单井	农业取水	TT-378	3.09
塔提让镇阿亚克塔提让村	证明(村协议)	25	0.4	单井	农业取水	TT-387	2.53
塔提让镇阿亚克塔提让村	证明(村协议)	58	0.928	单井	农业取水	TT-438	3.24
塔提让镇阿亚克塔提让村	集体	34	0.544	单井	农业取水	TT-512	3.20
塔提让镇阿亚克塔提让村	集体	276.8	4.428 8	单井	农业取水	TT-380	3.18
塔提让镇阿亚克塔提让村	集体	194.8	3.116 8	单井	农业取水	TT-376	3.06
塔提让镇阿亚克塔提让村	集体	132.8	2.124 8	单井	农业取水	TT-511	3.11
塔提让镇阿亚克塔提让村	集体	61.4	0.982 4	单井	农业取水	TT-420	2.45
塔提让镇阿亚克塔提让村	集体	78	1.248	单井	农业取水	TT-412	2.51
塔提让镇阿亚克塔提让村	集体	61	0.976	单井	农业取水	TT-510	2.53
塔提让镇阿亚克塔提让村	集体	228.7	3.659 2	单井	农业取水	TT-409	3.15
塔提让镇阿亚克塔提让村	集体	95.5	1.528	单井	农业取水	TT-418	3.15
塔提让镇阿亚克塔提让村	集体	98.8	1.580 8	单井	农业取水	TT-407	2.48
塔提让镇阿亚克塔提让村	集体	60	0.96	单井	其他取水	TT-509	3.05
塔提让镇阿亚克塔提让村	集体	31.25	0.5	单井	农业取水	TT-406	2.46
塔提让镇阿德热斯曼村	集体	450	7.2	单井	农业取水	TT-507	3.20
塔提让镇阿德热斯曼村	国有	230	1.84	单井	农业取水	TT-506	2.12
塔提让镇阿德热斯曼村	国有	70	0.56	单井	农业取水	TT-442	2.45

续附表 1

所在区域	土地性质	土地面积/亩	核定取水量/$(10^4 \mathrm{m}^3 \cdot \mathrm{a}^{-1})$	取水方式	取水用途	机井编号	TDS/$(\mathrm{g} \cdot \mathrm{L}^{-1})$
塔提让镇阿德热斯曼村	国有	299.97	2.399 76	单井	农业取水	TT-431 (TT-502)	3.11
塔提让镇阿德热斯曼村	证明(村协议)	80	1.28	单井	农业取水	TT-439	3.14
塔提让镇阿德热斯曼村	证明(国有)	150	1.2	单井	农业取水	TT-428	3.15
塔提让镇阿德热斯曼村	国有	225	1.8	单井	农业取水	TT-423	3.11
恰瓦勒墩河东开发区	国有	500	4	单井	农业取水	H-327	2.34
恰瓦勒墩河东开发区	国有	500	4	单井	农业取水	H-326	2.19
恰瓦勒墩河东开发区	国有	176.6	1.412 8	单井	农业取水	H-306	2.32
恰瓦勒墩河东开发区	国有	100	0.8	单井	农业取水	H-514	2.35
恰瓦勒墩河东开发区	国有	100	0.8	单井	农业取水	H-328	2.01
阔什萨特玛乡托盖苏拉克村	集体(证明)	130	2.08	单井	农业取水	K-335	3.23
阔什萨特玛乡托盖苏拉克村	国有	150	1.2	单井	农业取水	K-347	4.39
阔什萨特玛乡托盖苏拉克村	国有	369.88	2.959 04	单井	农业取水	K-342	2.31
阔什萨特玛乡托盖苏拉克村	国有(证明)	310	2.48	单井	农业取水	K-341	2.54
阔什萨特玛乡托盖苏拉克村	国有(证明)	310	2.48	单井	农业取水	K-340	2.36
阔什萨特玛乡托盖苏拉克村	国有(证明)	310	2.48	单井	农业取水	K-345	2.38
阔什萨特玛乡托盖苏拉克村	国有(证明)	310	2.48	单井	农业取水	K-344	2.27
阔什萨特玛乡托盖苏拉克村	国有(证明)	310	2.48	单井	农业取水	K-343	2.39
阔什萨特玛乡阔什萨特玛村	集体	471.1	7.537 6	单井	农业取水	K-318	3.12

续附表 1

所在区域	土地性质	土地面积/亩	核定取水量/($10^4 m^3/a^{-1}$)	取水方式	取水用途	机井编号	TDS/($g \cdot L^{-1}$)
阔什萨特玛乡阔什萨特玛村	无手续	125	2	单井	农业取水	K-319	2.67
阔什萨特玛乡阔什萨特玛村	国有	885.29	7.082 32	单井	农业取水	K-301	4.90
阔什萨特玛乡阿勒玛铁热木村	证明(村协议)	90	1.44	单井	农业取水	K-354	4.68
阔什萨特玛乡阿勒玛铁热木村	国有(转让合同)	1875	15	单井	农业取水	K-366	2.09
阔什萨特玛乡阿勒玛铁热木村	国有(转让合同)	1875	15	单井	农业取水	K-363	3.10
阔什萨特玛乡阿勒玛铁热木村	国有(转让合同)	1875	15	单井	农业取水	K-369	2.11
阔什萨特玛乡阿勒玛铁热木村	集体(证明)	100	1.6	单井	农业取水	K-349	2.32
阔什萨特玛乡阿勒玛铁热木村	国有(证明)	160	1.28	单井	农业取水	K-350	2.81
阔什萨特玛乡阿勒玛铁热木村	国有(证明)	300	2.4	单井	农业取水	K-356	4.72
阔什萨特玛乡阿勒玛铁热木村	30年合同	200	3.2	单井	农业取水	K-365	3.24
阔什萨特玛乡阿勒玛铁热木村	集体(证明)	400	6.4	单井	农业取水	K-351	2.82
阔什萨特玛乡阿勒玛铁热木村	国有(证明)	130	1.04	单井	农业取水	K-361	2.73
阔什萨特玛乡阿勒玛铁热木村	国有(证明)	200	1.6	单井	农业取水	K-352	5.22
阔什萨特玛乡阿勒玛铁热木村	国有(证明)	400	3.2	单井	农业取水	K-372	2.37
阔什萨特玛乡阿勒玛铁热木村	国有(证明)	200	1.6	单井	农业取水	K-362	2.71
阔什萨特玛乡阿勒玛铁热木村	国有(证明)	100	0.8	单井	农业取水	K-360	2.77
昆其布拉克牧场	国有土地	260	2.08	单井	其他取水	KC-10	2.09
昆其布拉克牧场	国有土地	260	2.08	单井	其他取水	KC-9	2.14
昆其布拉克牧场	国有土地	260	2.08	单井	其他取水	KC-8	2.01

续附表1

所在区域	土地性质	土地面积/亩	核定取水量/$(10^4 m^3/a^{-1})$	取水方式	取水用途	机井编号	TDS/$(g·L^{-1})$
昆其布拉克牧场	国有土地	260	2.08	单井	其他取水	KC-7	2.05
昆其布拉克牧场	国有土地	260	2.08	单井	其他取水	KC-6	2.03
巴格支日克乡仁艾日克村	集体	40	0.64	单井	农业取水	B-368	2.14
巴格支日克乡仁艾日克村	乡协议	60	0.96	单井	农业取水	B-374	2.96
巴格支日克乡仁艾日克村	集体(转让合同)	27	0.432	单井	农业取水	B-360	2.79
巴格支日克乡仁艾日克村	30年合同(证明)	77.7	1.243 2	单井	农业取水	B-341	2.03
巴格支日克乡仁艾日克村	口粮地	31	0.496	单井	农业取水	B-362	2.47
巴格支日克乡仁艾日克村	村协议	500	8	单井	农业取水	B-354	2.04
巴格支日克乡仁艾日克村	30年合同(证明)	62	0.992	单井	农业取水	B-366	2.66
巴格支日克乡仁艾日克村	村协议	34	0.544	单井	农业取水	B-502	2.05
巴格支日克乡仁艾日克村	集体	31.25	0.5	单井	农业取水	B-342	2.07
巴格支日克乡仁艾日克村	集体	40	0.64	单井	农业取水	B-370	2.68
巴格支日克乡仁艾日克村	集体	31.25	0.5	单井	农业取水	B-347	2.78
巴格支日克乡仁艾日克村	国有	114.7	0.9176	单井	农业取水	B-350	2.01
巴格支日克乡仁艾日克村	村协议	30	0.48	单井	农业取水	B-372	2.06
奥依亚依拉克镇	国有	666.7	5.333 6	单井	农业取水	AO-9	2.51
奥依亚依拉克镇	国有	666.7	5.333 6	单井	农业取水	AO-8	2.03
阿羌镇依山干村	集体	31.25	0.5	单井	农业取水	A-311	2.23
阿羌镇依山干村	国有(证明)	650	5.2	单井	农业取水	A-312	2.24

续附表 1

所在区域	土地性质	土地面积/亩	核定取水量/(10^4 m³/a⁻¹)	取水方式	取水用途	机井编号	TDS/(g·L⁻¹)
阿羌镇依山干村	国有(证明)	650	5.2	单井	农业取水	A-304	2.27
阿羌镇萨尔干吉村	国有(证明)	650	5.2	单井	农业取水	A-303	2.27
阿羌镇哈特勒什村	国有(证明)	650	5.2	单井	农业取水	A-305	2.26
阿羌镇阿羌村	集体	31.25	0.5	单井	农业取水	A-505	2.25
阿羌镇阿羌村	集体	31.25	0.5	单井	农业取水	A-502	2.22
阿羌镇阿羌村	国有(证明)	650	5.2	单井	农业取水	A-307	2.35
阿羌镇阿羌村	集体	650	5.2	单井	农业取水	A-302	2.14
阿克提坎墩乡伊斯克吾塔克村	集体	512	8.192	单井	农业取水	AK-396	2.27
阿克提坎墩乡伊斯克吾塔克村	集体	261	4.176	单井	农业取水	AK-375	2.26
阿克提坎墩乡伊斯克吾塔克村	集体	242.5	3.88	单井	农业取水	AK-362	3.43
阿克提坎墩乡伊斯克吾塔克村	证明(村协议)	449.5	7.192	单井	农业取水	AK-303	3.10
阿克提坎墩乡伊斯克吾塔克村	集体	31.25	0.5	单井	农业取水	AK-334	3.46
阿克提坎墩乡伊斯克吾塔克村	集体	31.25	0.5	单井	农业取水	AK-331	2.43
阿克提坎墩乡伊斯克吾塔克村	集体	31.25	0.5	单井	农业取水	AK-323	2.19
阿克提坎墩乡伊斯克吾塔克村	无资料	125	2	单井	农业取水	AK-308	2.31
阿克提坎墩乡伊斯克吾塔克村	集体	285	4.56	单井	农业取水	AK-330	2.40
阿克提坎墩乡伊斯克吾塔克村	乡协议	117	1.872	单井	农业取水	AK-322	2.40
阿克提坎墩乡伊斯克吾塔克村	集体	108	1.728	单井	农业取水	AK-501	3.42
阿克提坎墩乡伊斯克吾塔克村						AK-309	2.41

续附表 1

所在区域	土地性质	土地面积/亩	核定取水量/$(10^4 m^3/a^{-1})$	取水方式	取水用途	机井编号	TDS/$(g·L^{-1})$
阿克提坎墩乡伊斯克吾塔克村	集体	397	6.352	单井	农业取水	AK-310	2.43
阿克提坎墩乡伊斯克吾塔克村	集体	46	0.736	单井	农业取水	AK-320	2.41
阿克提坎墩乡伊斯克吾塔克村	证明（村协议）	250	4	单井	农业取水	AK-336	2.07
阿克提坎墩乡伊斯克吾塔克村	无资料	290	4.64	单井	农业取水	AK-335	2.15
阿克提坎墩乡伊斯克吾塔克村	集体	252	4.032	单井	农业取水	AK-307	2.52
阿克提坎墩乡伊斯克吾塔克村	集体	230	3.68	单井	农业取水	AK-302	3.27
阿克提坎墩乡伊斯克吾塔克村	集体	363.7	5.819 2	单井	农业取水	AK-304	3.18
阿克提坎墩乡托格拉克艾格勒村	集体	340	5.44	单井	农业取水	AK-342	2.06
阿克提坎墩乡色格孜勒克希庞村	集体	31.25	0.4	单井	农业取水	AK-361	3.46
阿克提坎墩乡色格孜勒克希庞村	集体	31.25	0.5	单井	农业取水	AK-366	3.46
阿克提坎墩乡色格孜勒克希庞村	集体	31.25	0.5	单井	农业取水	AK-355	4.91
阿克提坎墩乡色格孜勒克希庞村	集体	128	2.048	单井	农业取水	AK-400	4.71
阿克提坎墩乡色格孜勒克希庞村	集体	136	2.176	单井	农业取水	AK-378	2.11
阿克提坎墩乡色格孜勒克希庞村	集体	215	3.44	单井	农业取水	AK-403	4.67
阿克提坎墩乡色格孜勒克希庞村	集体	215	3.44	单井	农业取水	AK-519	4.84
阿克提坎墩乡色格孜勒克希庞村	证明（村协议）	220	3.52	单井	农业取水	AK-371	2.58
阿克提坎墩乡色格孜勒克希庞村	集体	225	3.6	单井	农业取水	AK-401	4.72
阿克提坎墩乡色格孜勒克希庞村	国有	115.41	0.923 28	单井	农业取水	AK-337	4.79
阿克提坎墩乡色格孜勒克希庞村	国有	115.41	0.923 28	单井	农业取水	AK-339	2.69

续附表 1

所在区域	土地性质	土地面积/亩	核定取水量/($10^4 m^3/a^{-1}$)	取水方式	取水用途	机井编号	TDS/($g \cdot L^{-1}$)
阿克提坎墩乡色格孜勒克希庞村	集体	97	1.552	单井	农业取水	AK-379	2.05
阿克提坎墩乡色格孜勒克希庞村	集体	54	0.864	单井	农业取水	AK-382	3.35
阿克提坎墩乡色格孜勒克希庞村	集体	178	2.848	单井	农业取水	AK-374	2.52
阿克提坎墩乡色格孜勒克希庞村	集体	298	4.768	单井	农业取水	AK-387	2.24
阿克提坎墩乡色格孜勒克希庞村	集体	145	2.32	单井	农业取水	AK-397	3.27
阿克提坎墩乡色格孜勒克希庞村	集体	298	4.768	单井	农业取水	AK-402	4.51
阿克提坎墩乡色格孜勒克希庞村	集体	140	2.24	单井	农业取水	AK-399	4.75
阿克提坎墩乡色格孜勒克希庞村	集体	130	2.08	单井	农业取水	AK-354	2.04
阿克提坎墩乡色格孜勒克希庞村	集体	357	5.712	单井	农业取水	AK-517	3.84
阿克提坎墩乡色格孜勒克希庞村	集体	264	4.224	单井	农业取水	AK-516	3.20
阿克提坎墩乡色格孜勒克希庞村	集体	213	3.408	单井	农业取水	AK-395	3.10
阿克提坎墩乡色格孜勒克希庞村	集体	499.6	7.9936	单井	农业取水	AK-515	3.67
阿克提坎墩乡色格孜勒克希庞村	集体	107	1.621	单井	农业取水	AK-394	2.88
阿克提坎墩乡色格孜勒克希庞村	国有	107	1.621	单井	农业取水	AK-390	3.08
阿克提坎墩乡色格孜勒克希庞村	国有	113	0.904	单井	农业取水	AK-356	3.76
阿克提坎墩乡色格孜勒克希庞村	国有	330	2.64	单井	农业取水	AK-513	4.78
阿克提坎墩乡色格孜勒克希庞村	国有	330	2.64	单井	农业取水	AK-512	4.77
阿克提坎墩乡色格孜勒克希庞村	国有	330	2.64	单井	农业取水	AK-511	4.78
阿克提坎墩乡色格孜勒克希庞村	国有	251.25	2.01	单井	农业取水	AK-507	4.76

续附表1

所在区域	土地性质	土地面积/亩	核定取水量/(10^4 m³/a^{-1})	取水方式	取水用途	机井编号	TDS/(g·L^{-1})
阿克提坎墩乡色格孜勒孜克希庞村	国有	251.25	2.01	单井	农业取水	AK-506	4.63
阿克提坎墩乡色格孜勒孜克希庞村	国有	251.25	2.01	单井	农业取水	AK-505	4.70
阿克提坎墩乡色格孜勒孜克希庞村	国有	251.25	2.01	单井	农业取水	AK-504	4.84
阿克提坎墩乡色格孜勒孜克希庞村	国有	251.25	2.01	单井	农业取水	AK-503	4.85
阿克提坎墩乡色格孜勒孜克希庞村	集体	200	3.2	单井	农业取水	AK-364	3.17
阿克提坎墩乡色格孜勒孜克希庞村	乡协议	80	1.28	单井	农业取水	AK-333	3.89
阿克提坎墩乡色格孜勒孜克希庞村	国有	169	1.352	单井	农业取水	AK-391	4.99
阿克提坎墩乡色格孜勒孜克希庞村	集体	223	3.568	单井	农业取水	AK-369	4.24
阿克提坎墩乡阿克提坎墩村	40年合同	301.26	4.820 16	单井	农业取水	AK-351	2.17
阿克提坎墩乡阿克提坎墩村	集体	200	3.2	单井	农业取水	AK-354	2.04
合计			608.95				

附 图

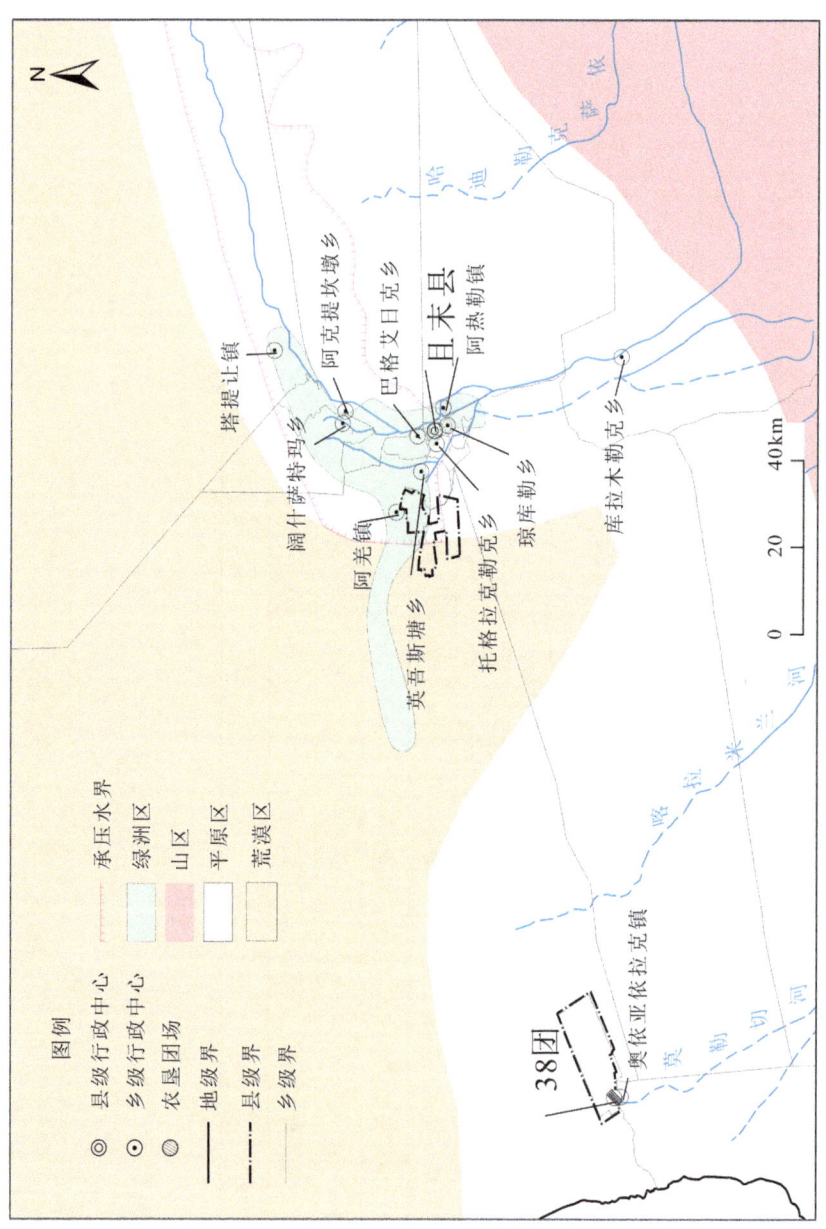

附图1 研究区示意图

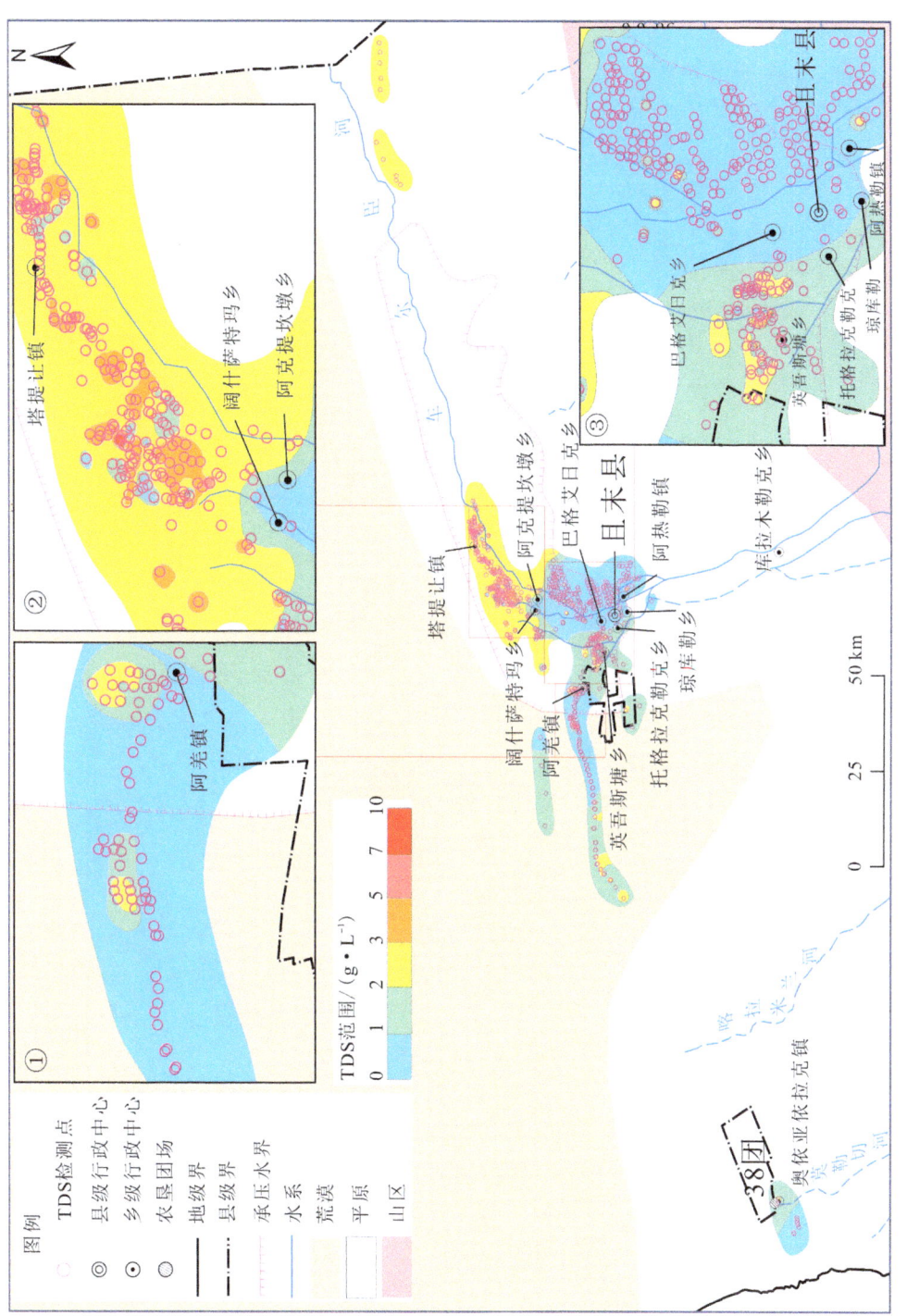

附图 2　且末县绿洲区 2023 年 8 月地下水取样点分布与 TDS 分区图

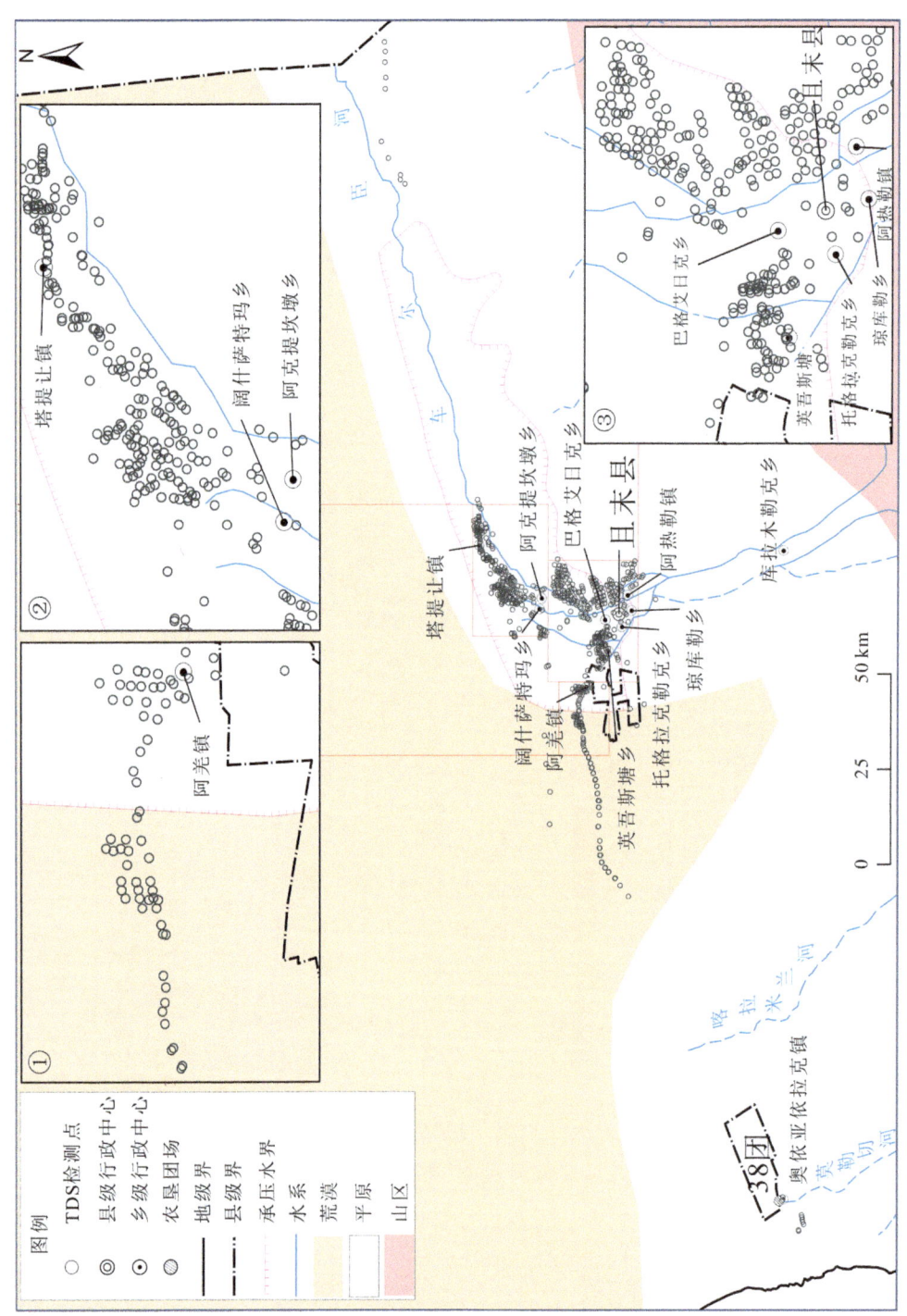

附图 3　新疆地矿局第三地质大队 2023 年 8 月 630 眼机井 TDS 检测点分布图

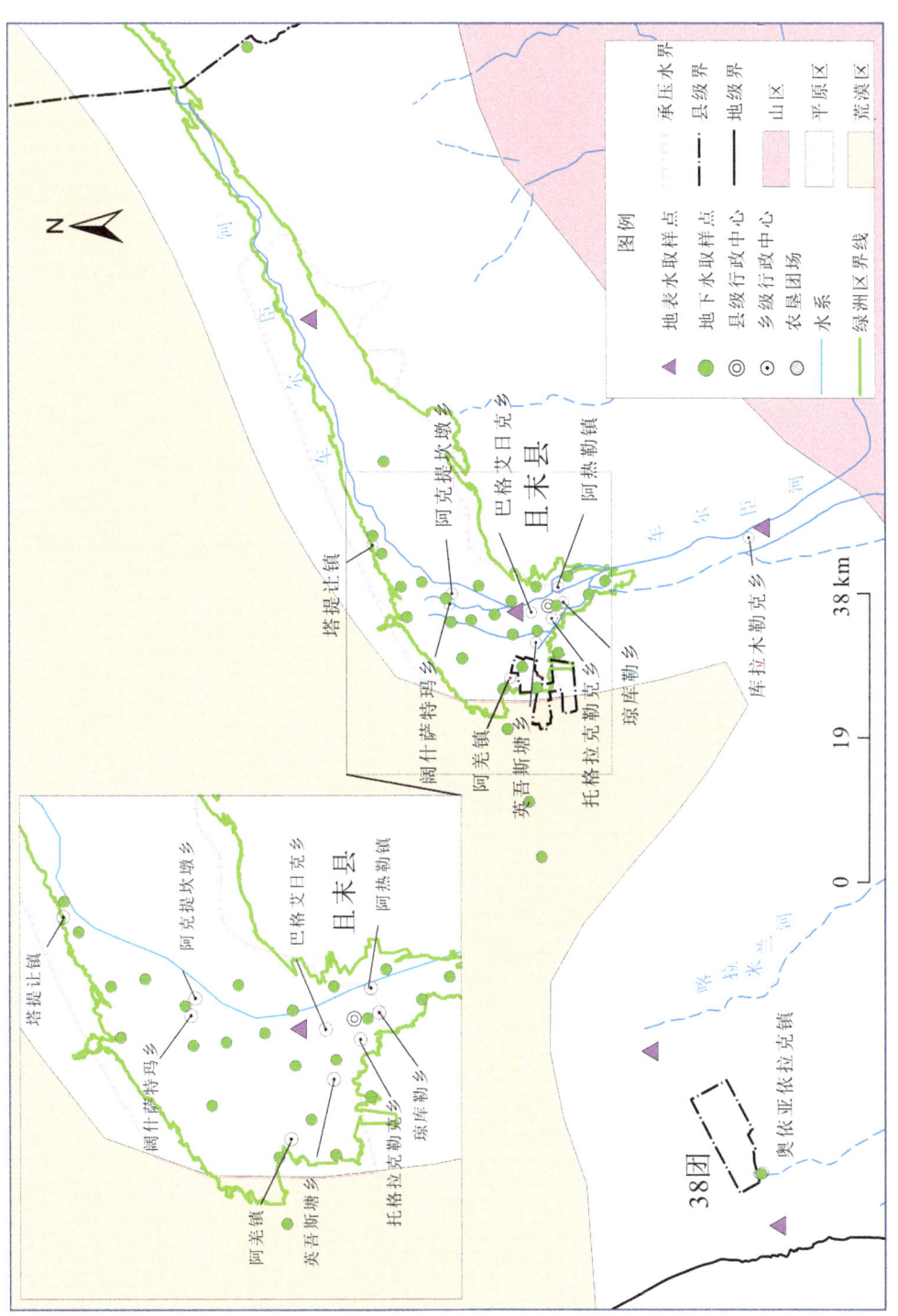

附图 4　新疆农业大学地下水资源研究团队 2024 年 3 月取样点分布图

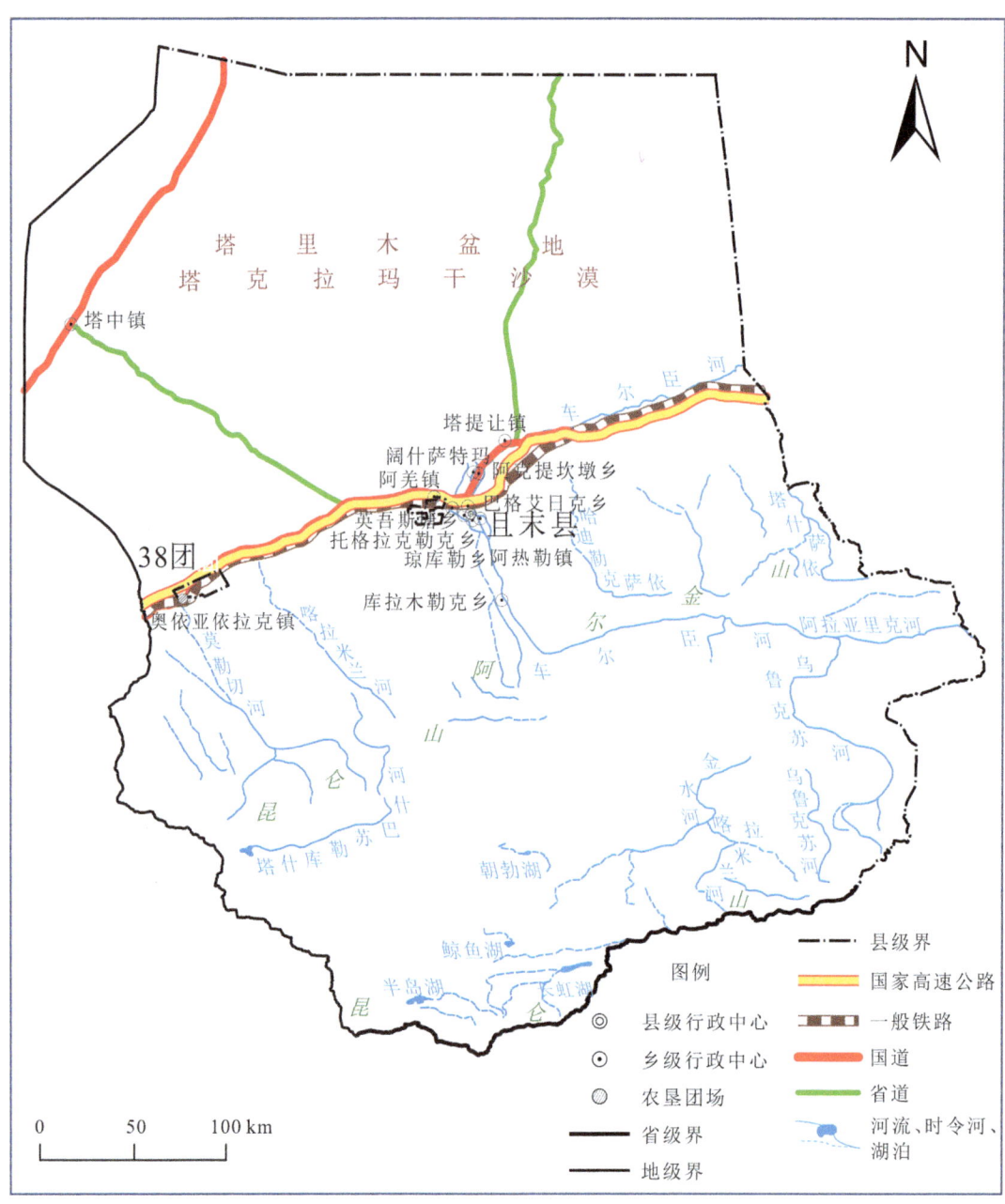

附图5 且末县交通位置示意图

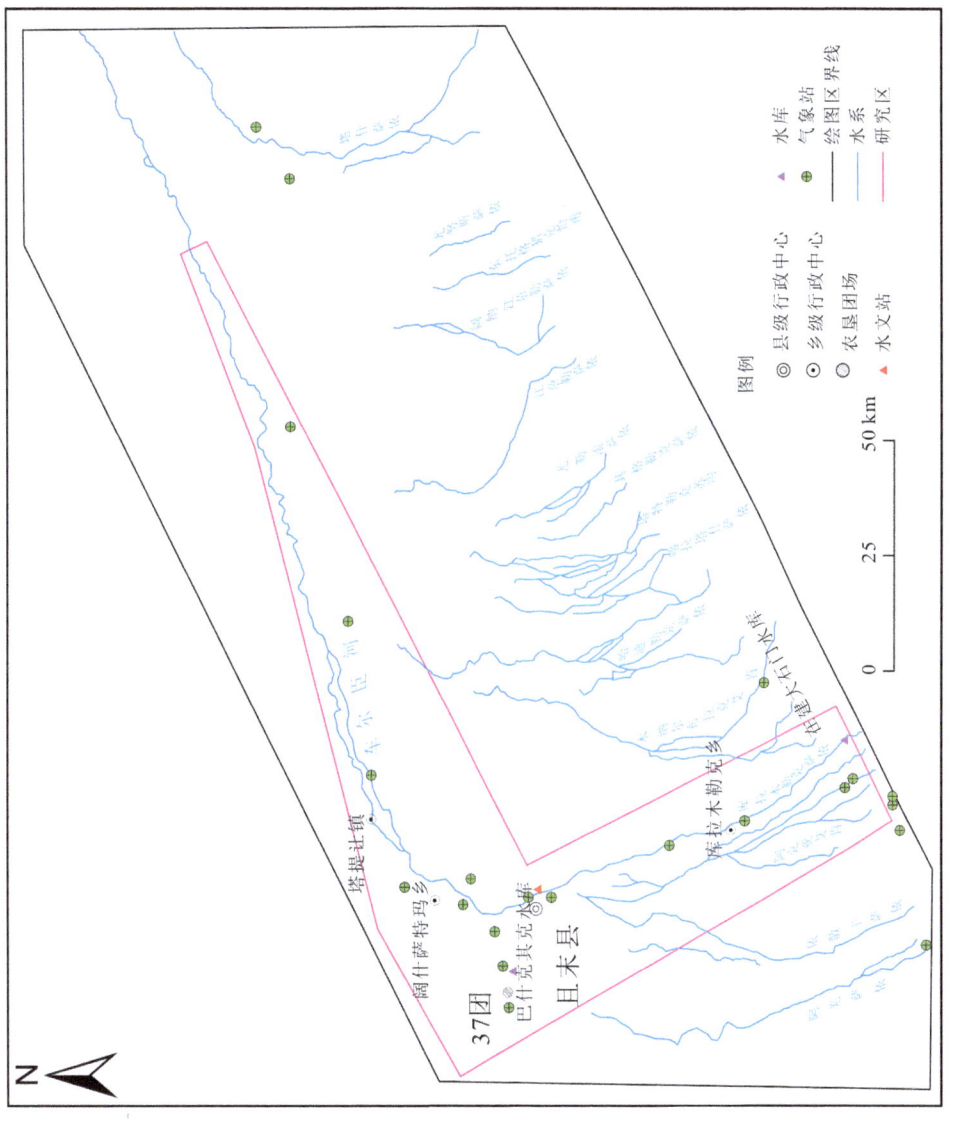

附图 6 区域河流水系分布图

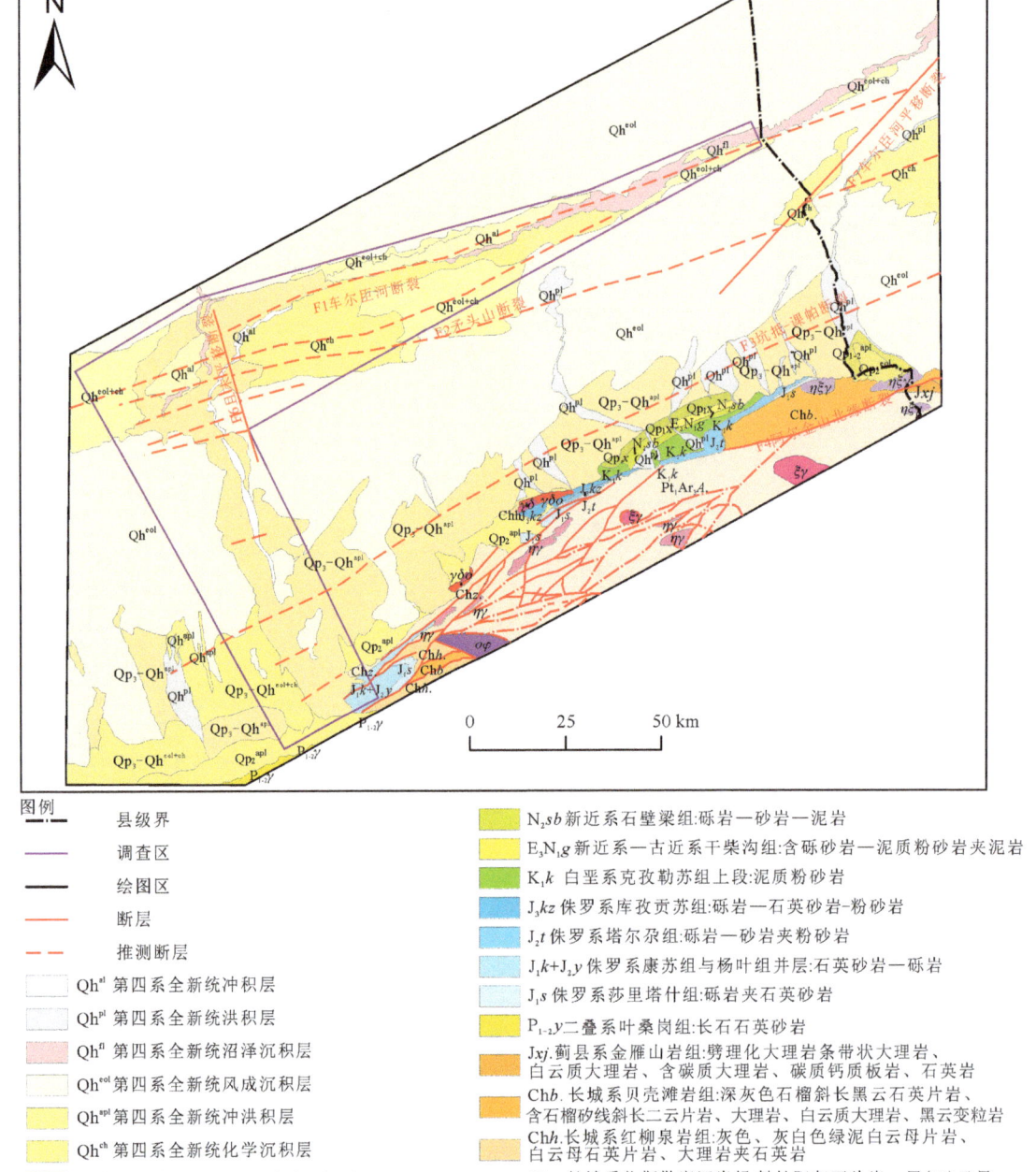

附图7　且末县区域地质简图

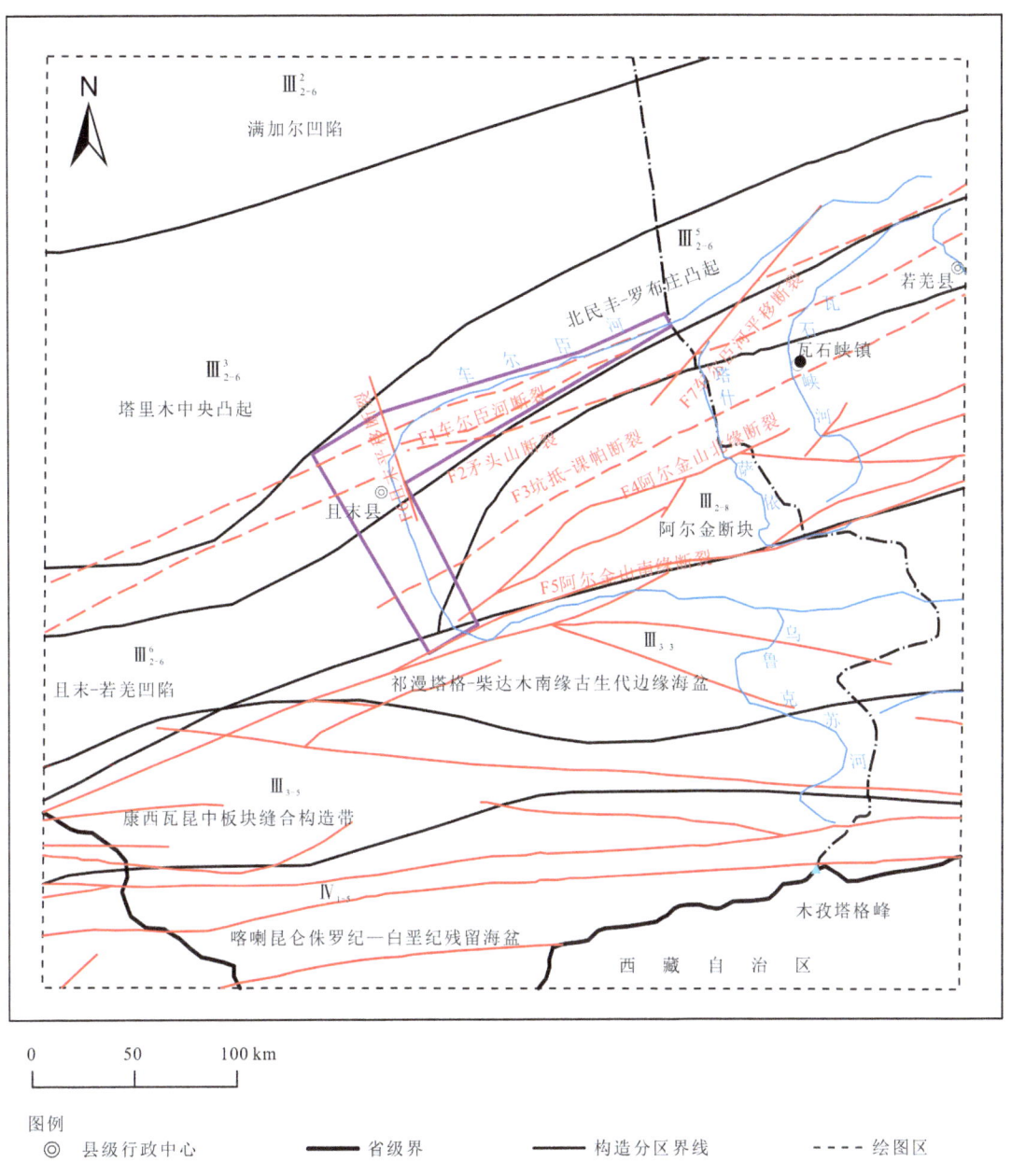

附图 8 且末县区域构造纲要图

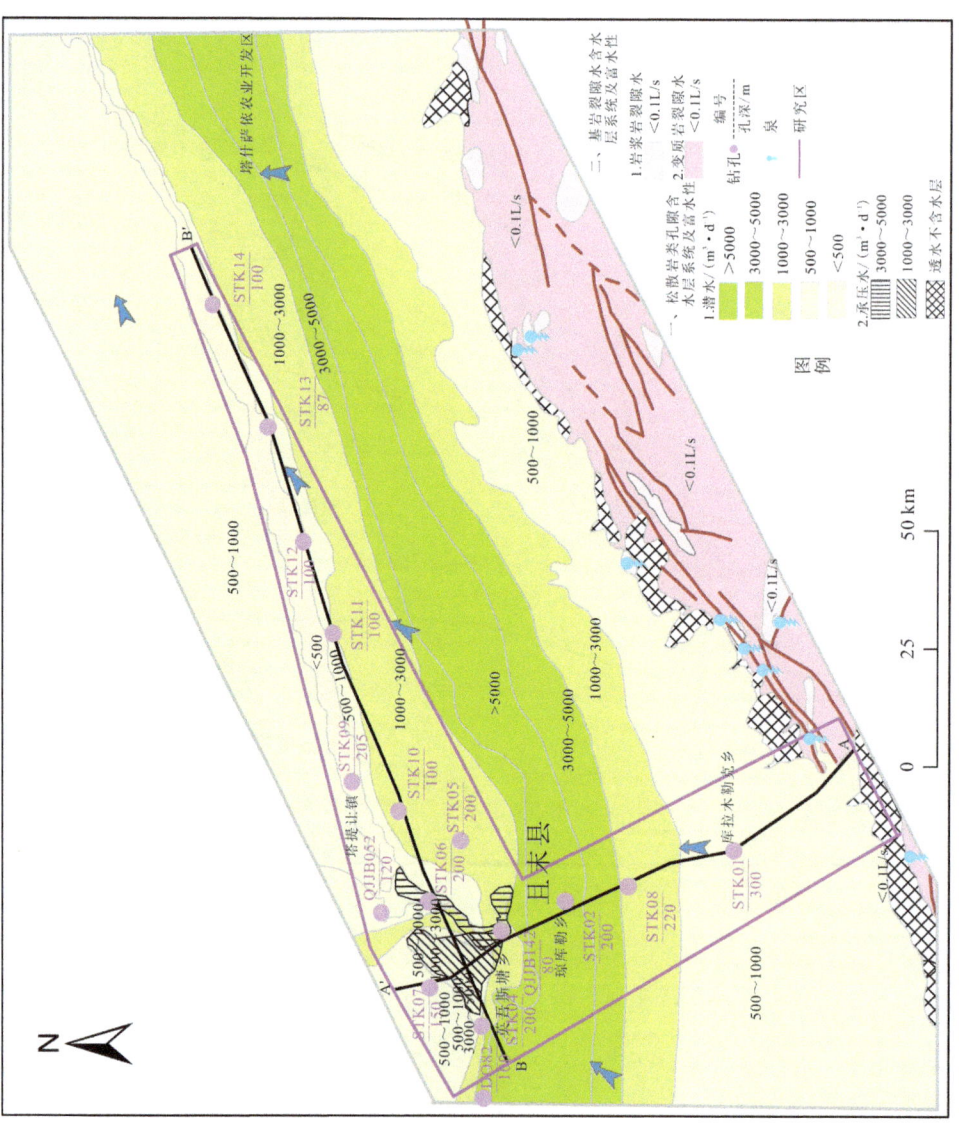

附图 9　且末县水文地质图

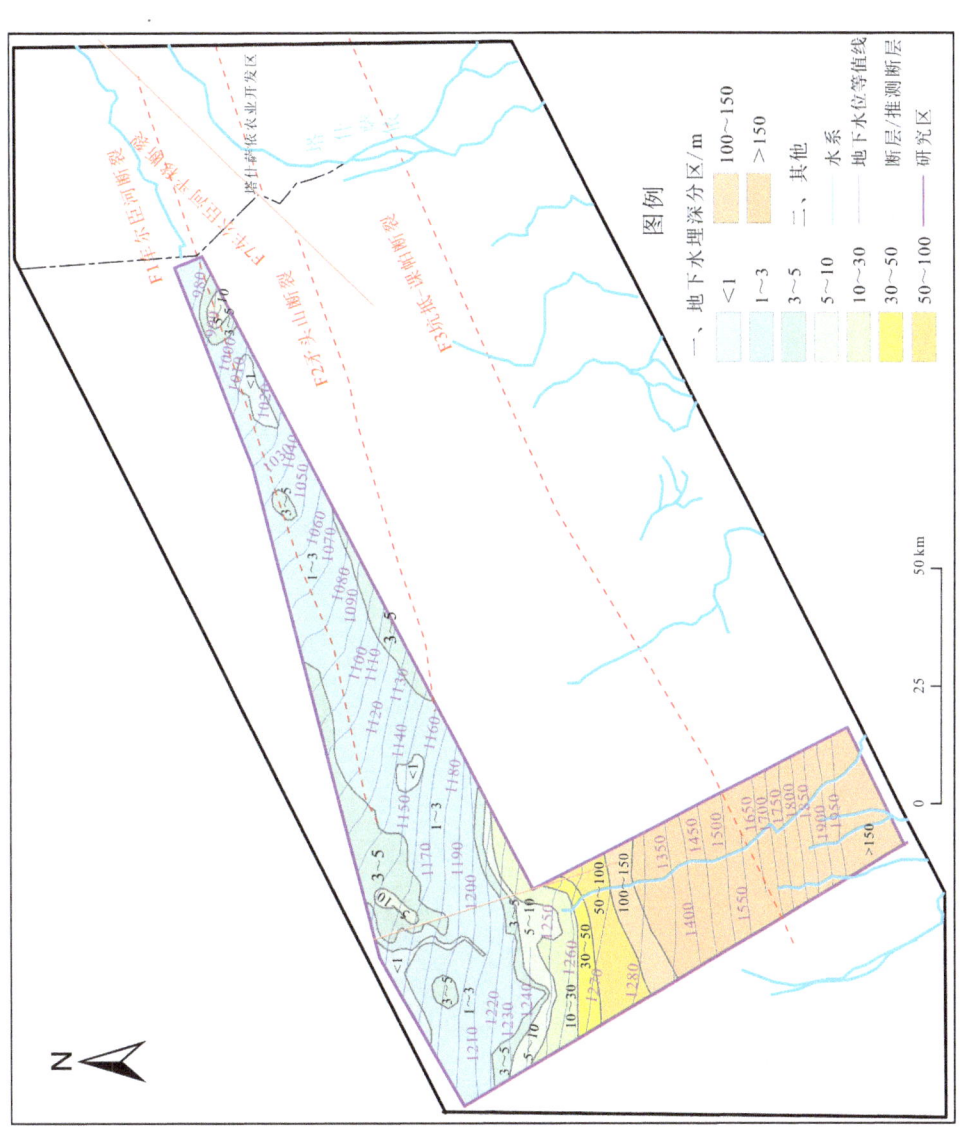

附图10 车尔臣河流域潜水流场图

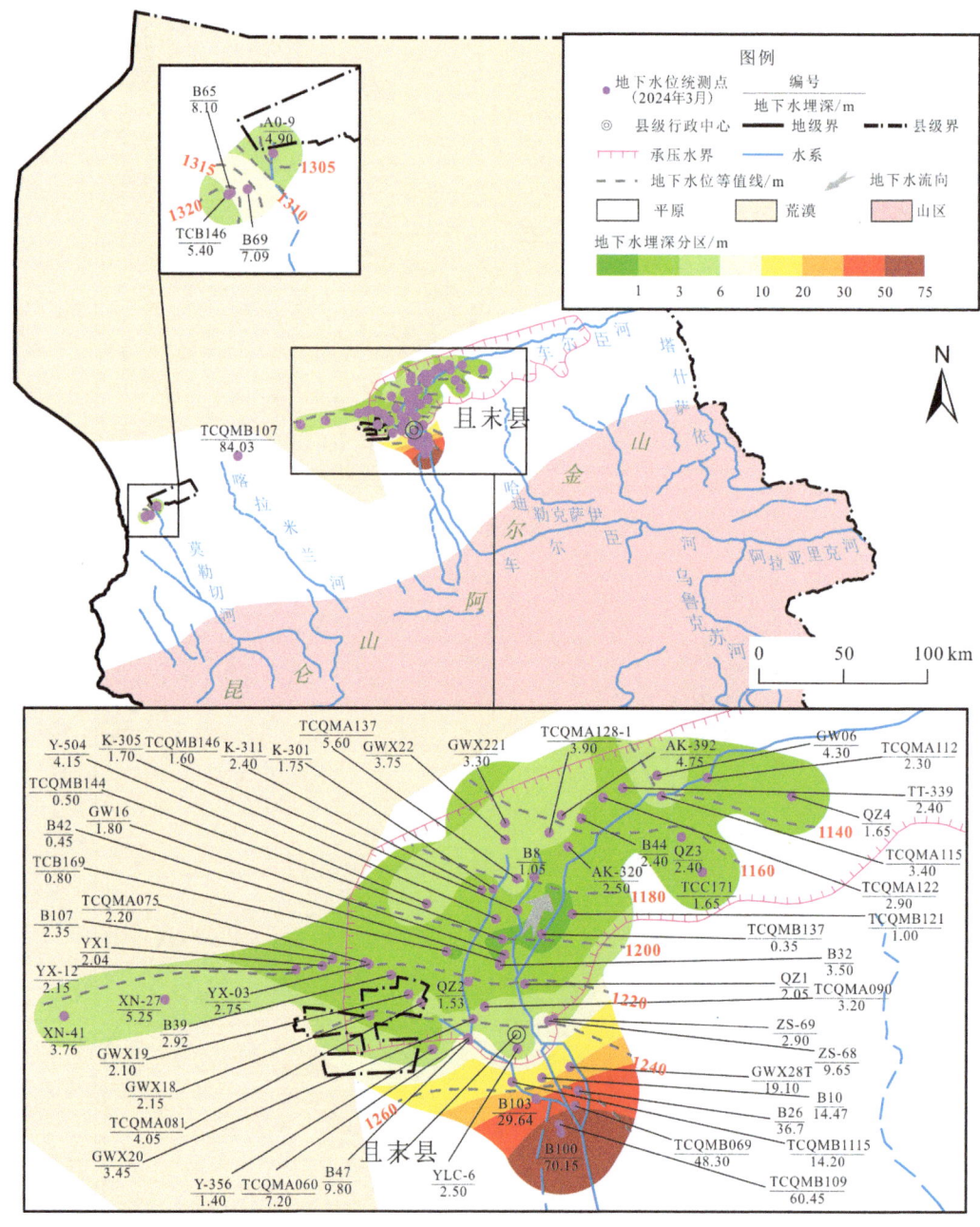

附图11 且末县2024年3月地下水位埋深区及水位等值线图

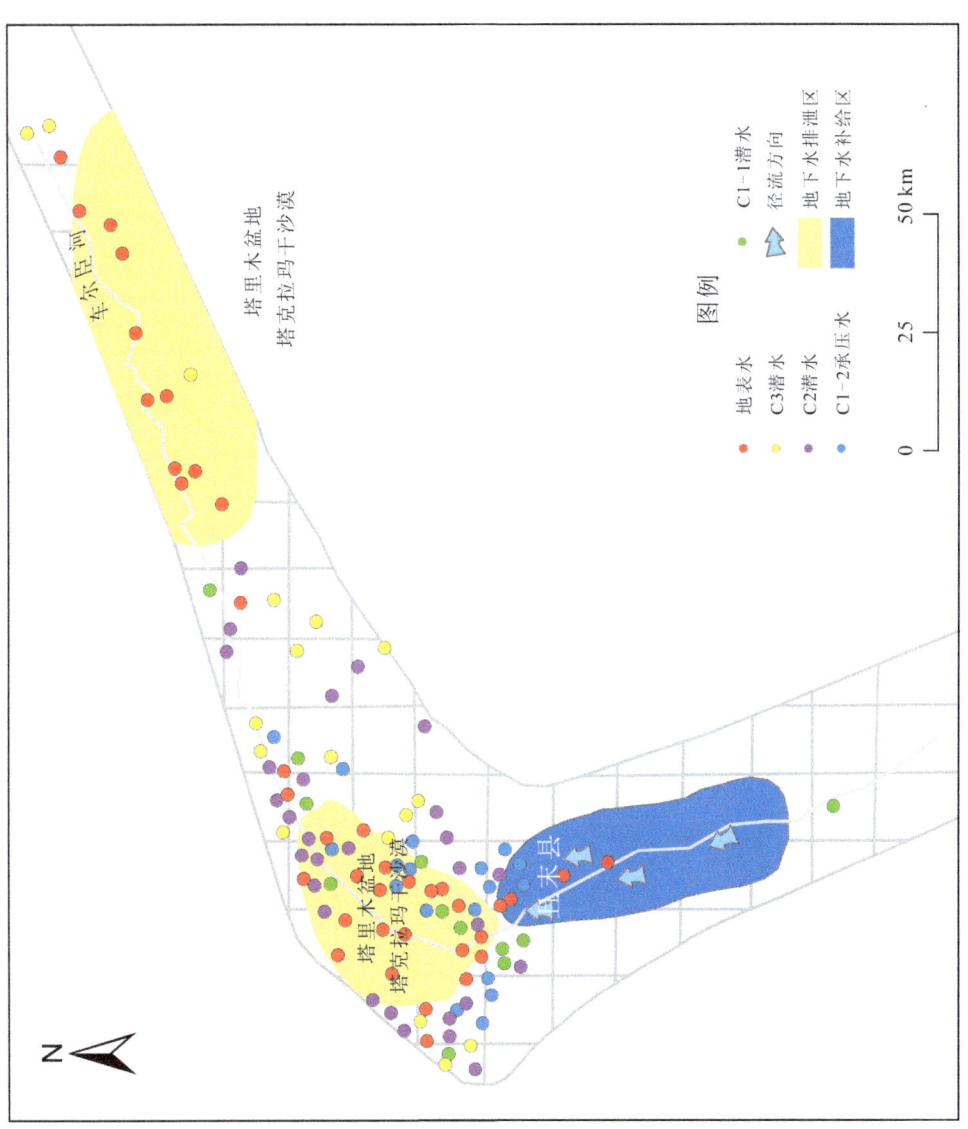

附图 12 车尔臣河流域地下水补给、排泄关系图

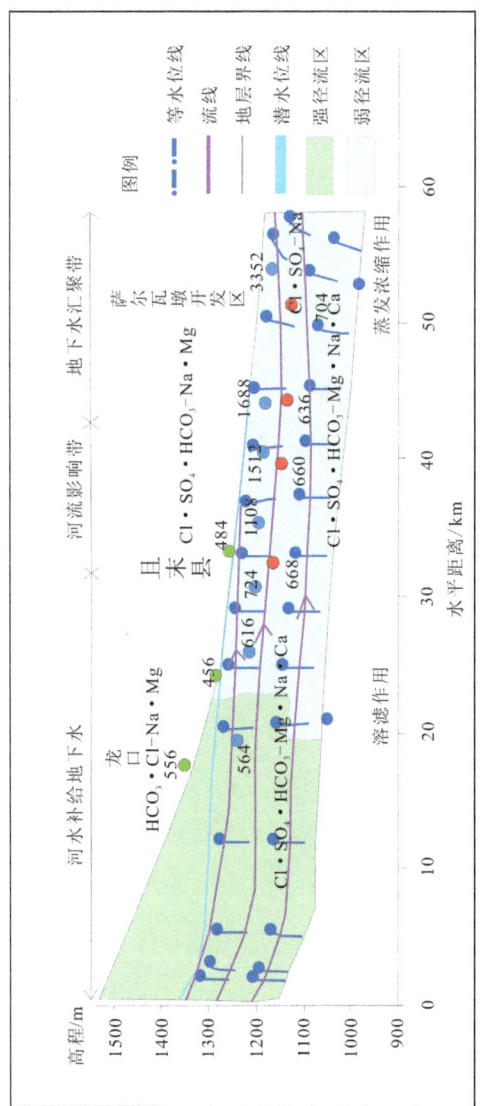

附图13 典型剖面Ⅰ地下水循环图

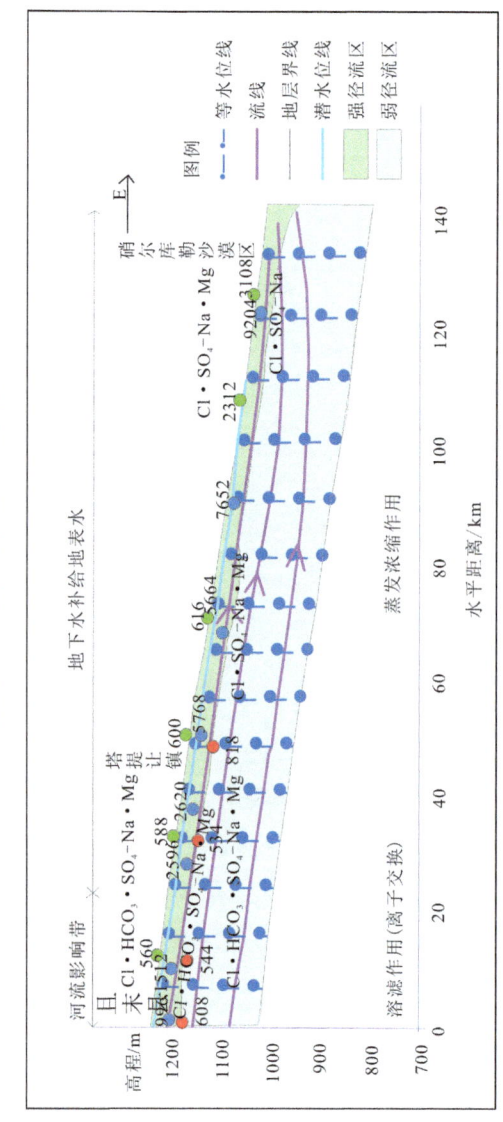

附图14 典型剖面Ⅲ地下水循环图

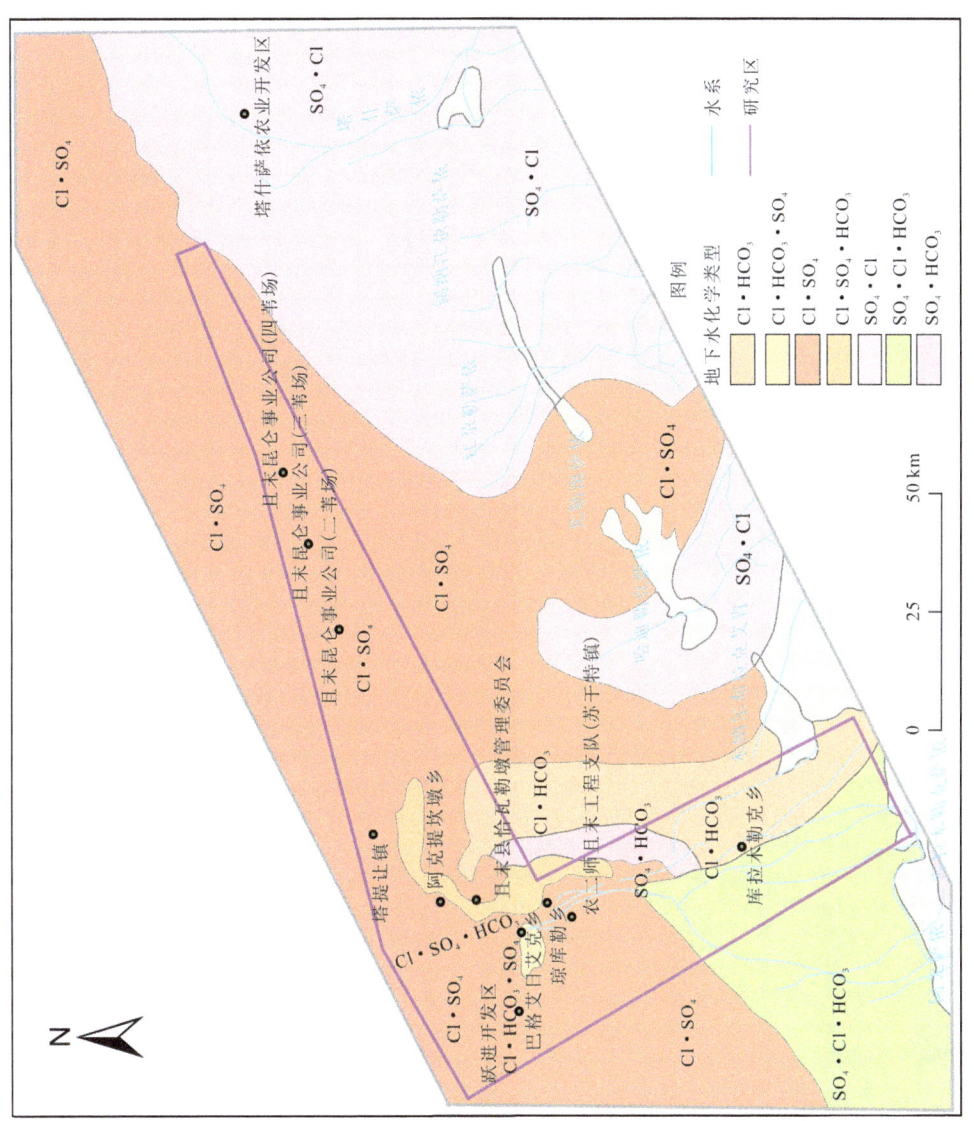

附图 15 车尔臣河绿洲区潜水水化学图（2017 年 7 月）

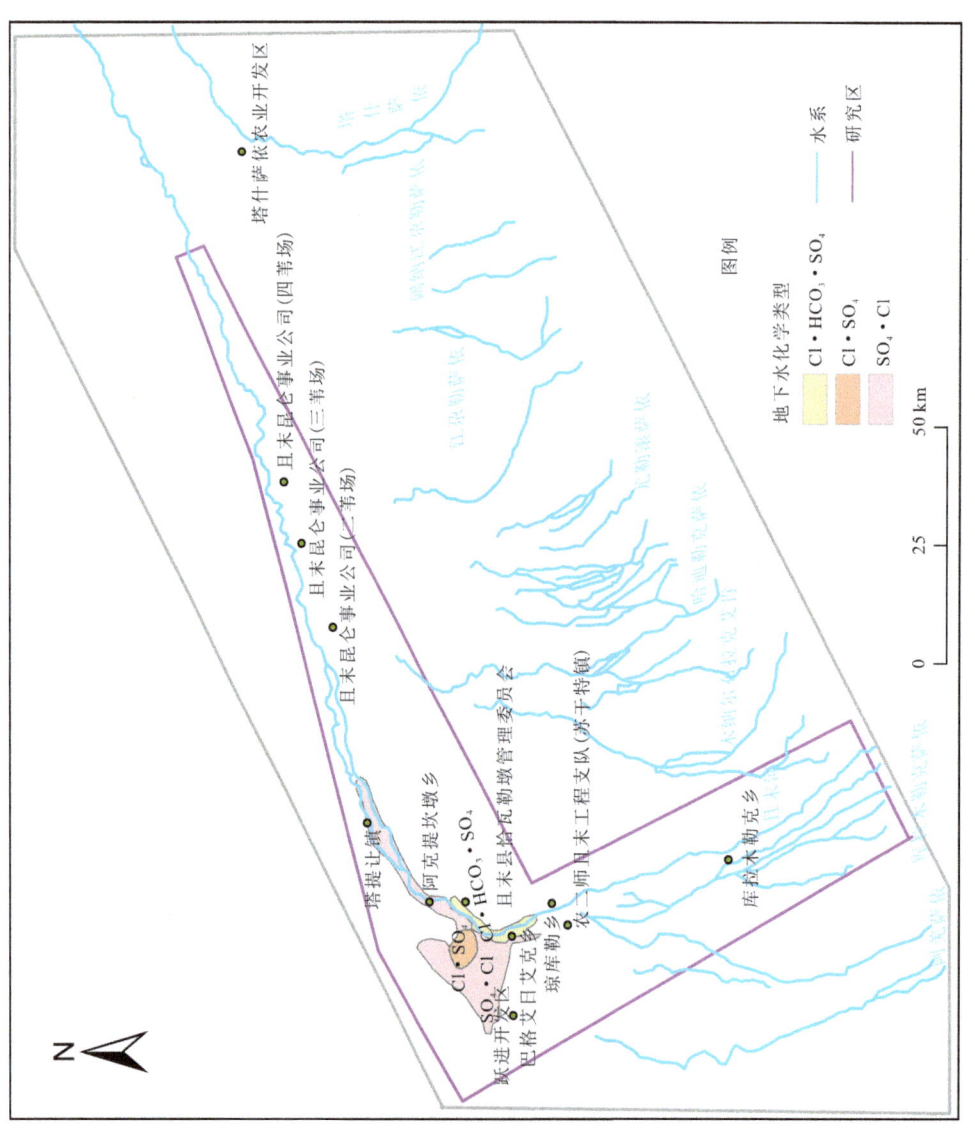

附图 16 车尔臣河绿洲区承压水水化学图

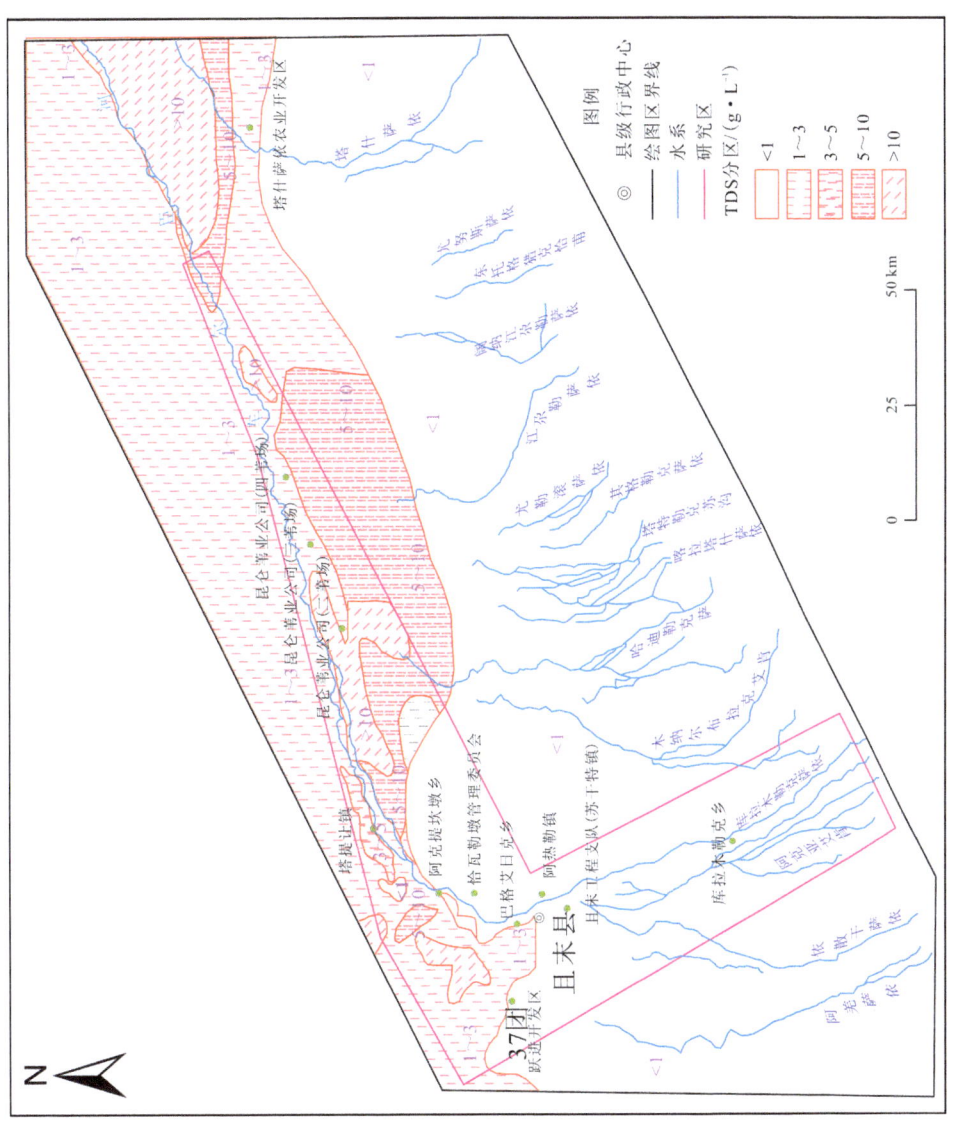

附图 17 且末县绿洲区地下水 TDS 分区图(2017 年 7 月)

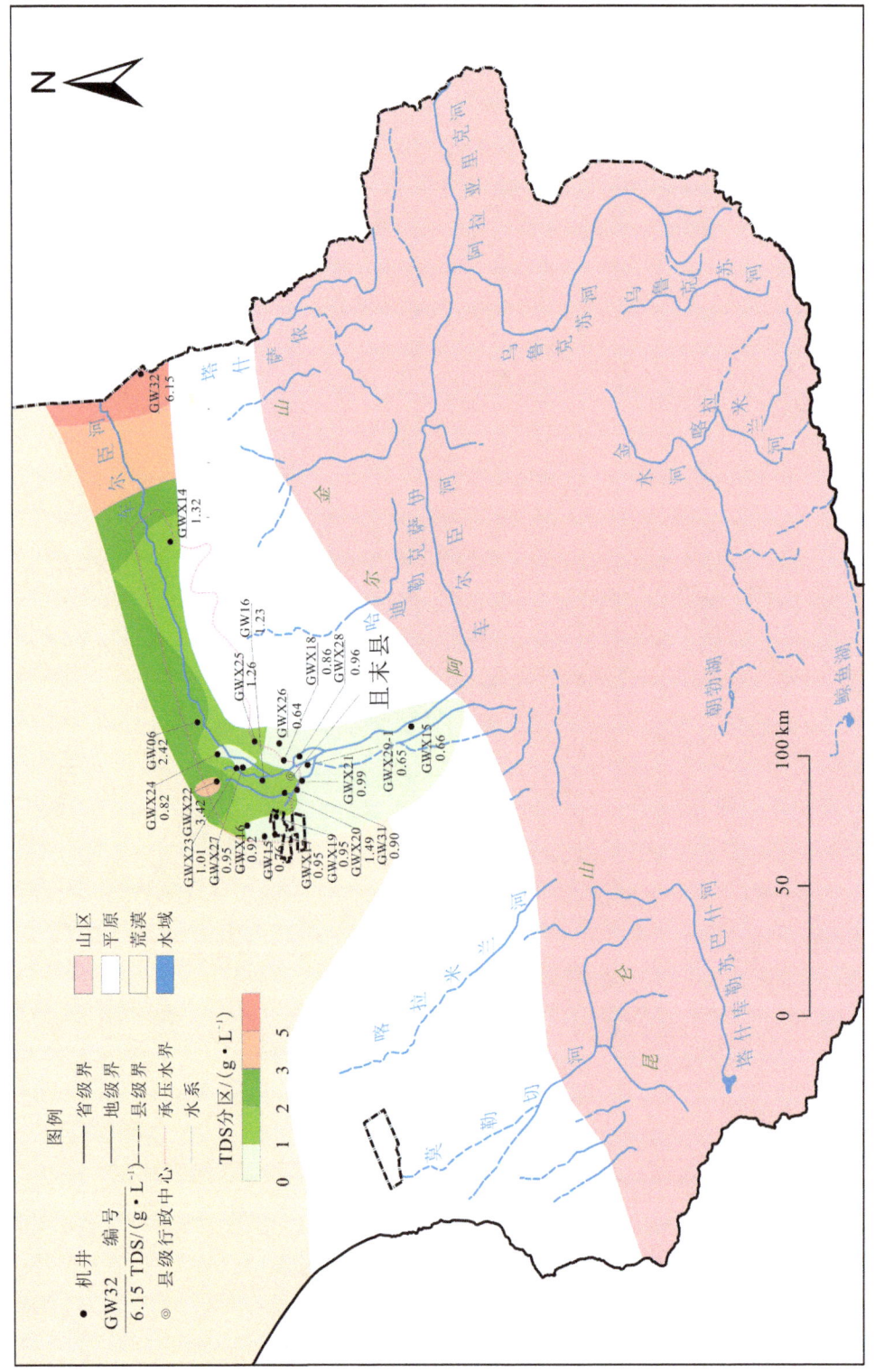

附图 18　且末县车尔臣河流域绿洲区地下水 TDS 分区图（2023 年 6 月）

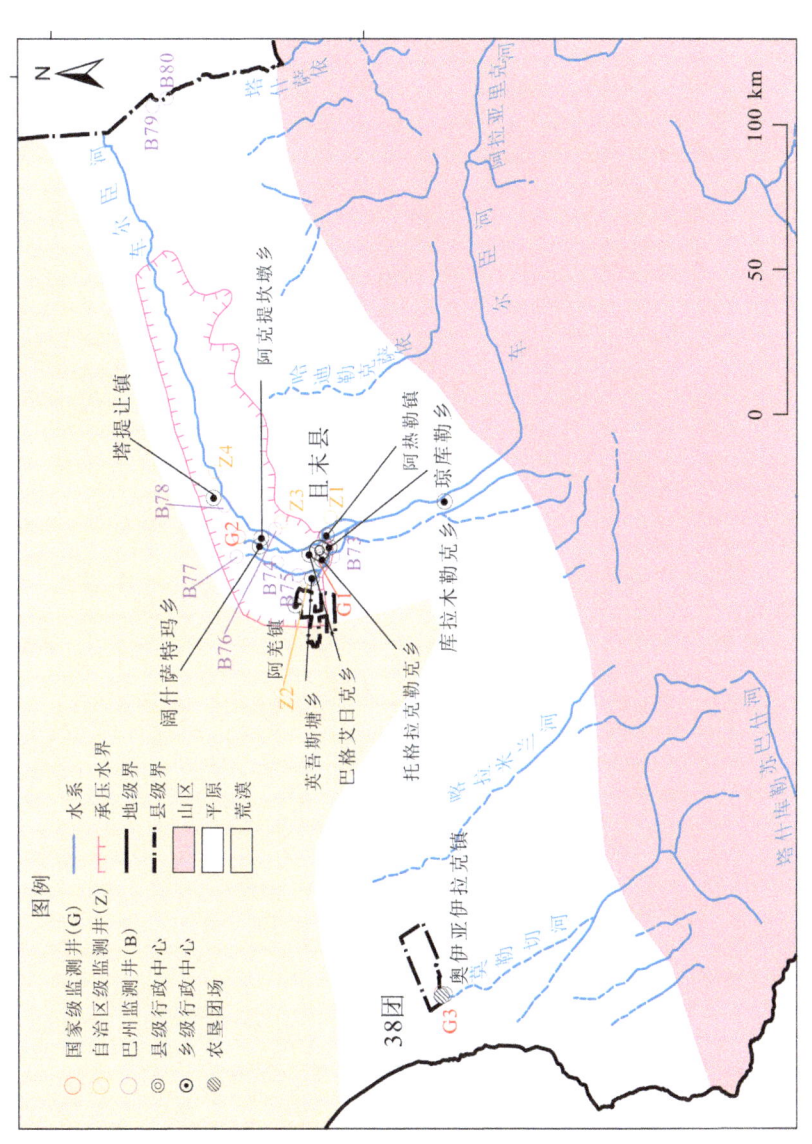

附图 19　且末县地下水监测井分布图

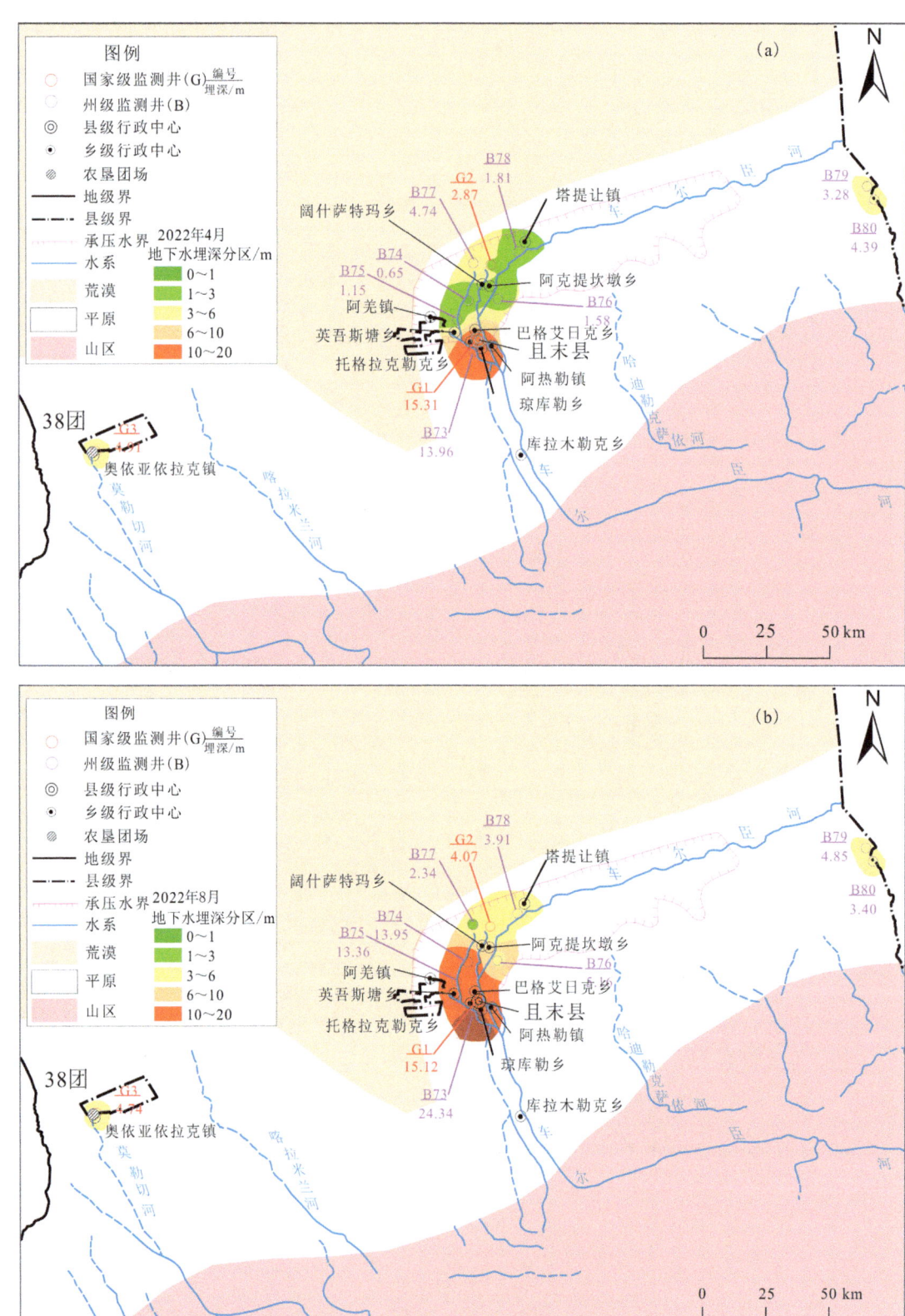

附图20　且末县2022年4月(a)和8月(b)地下水位埋深分区

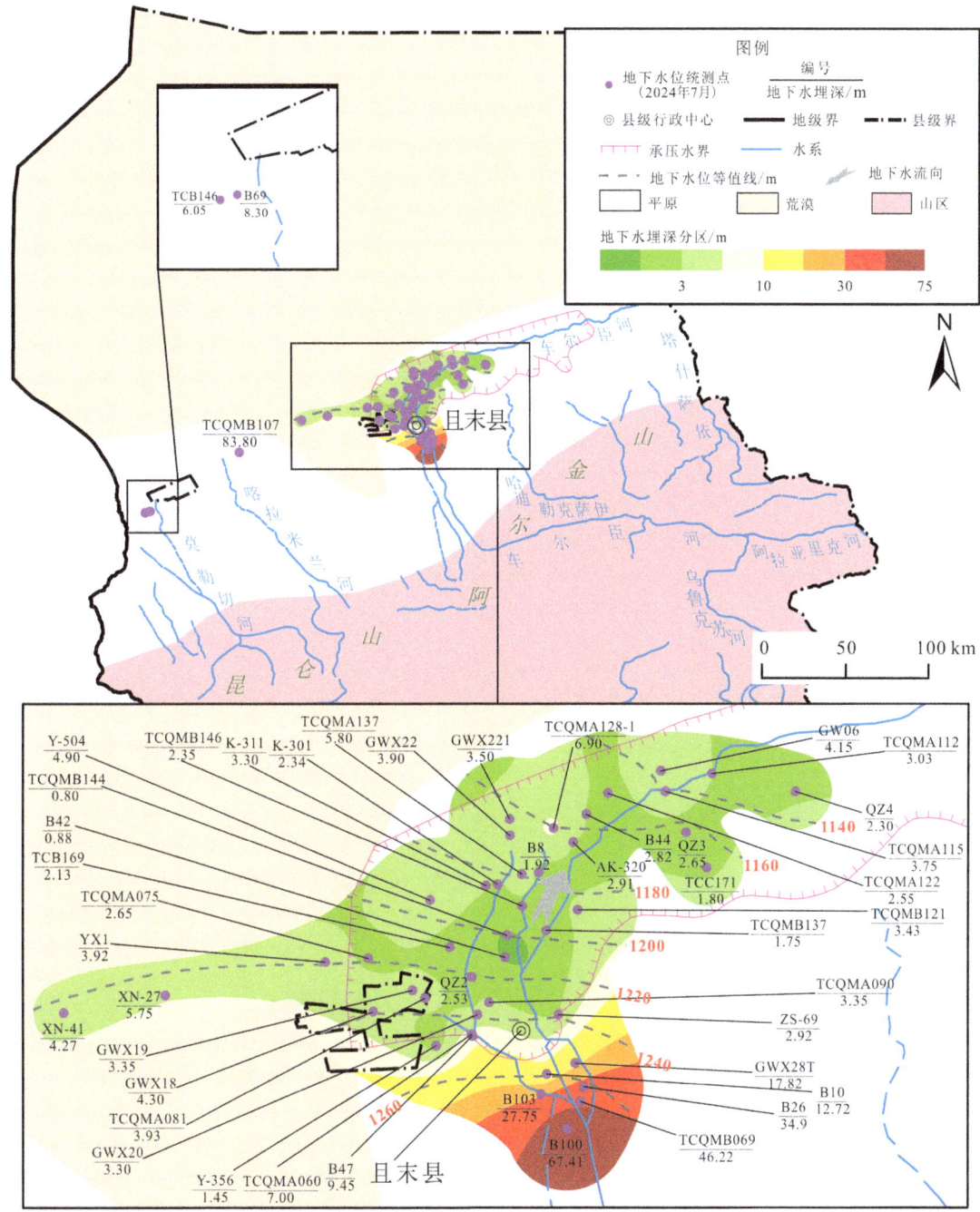

附图 21　且末县 2024 年 7 月地下水位埋深分区及水位等值线图

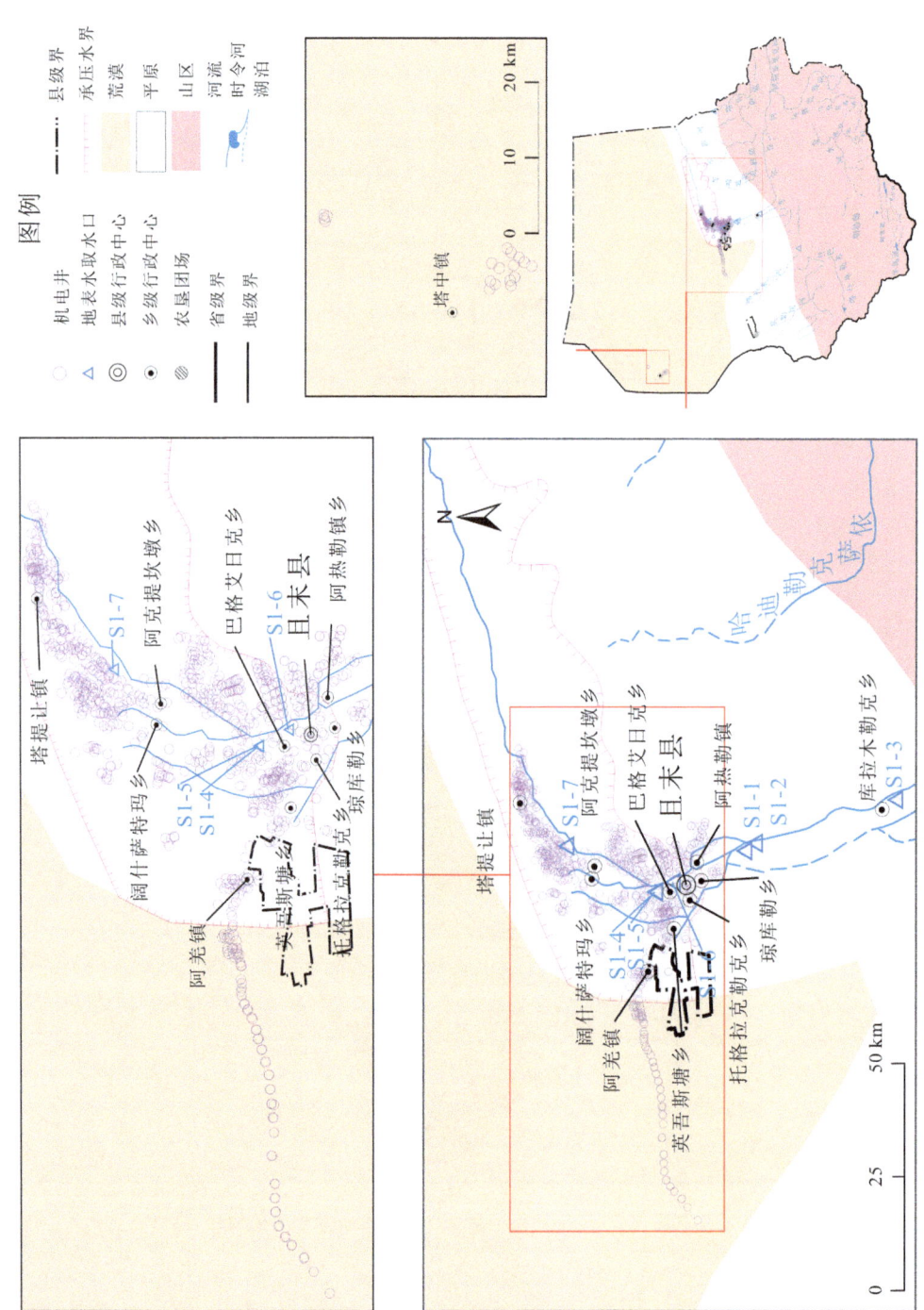

附图 22　且末县机井与地表水取水口分布图

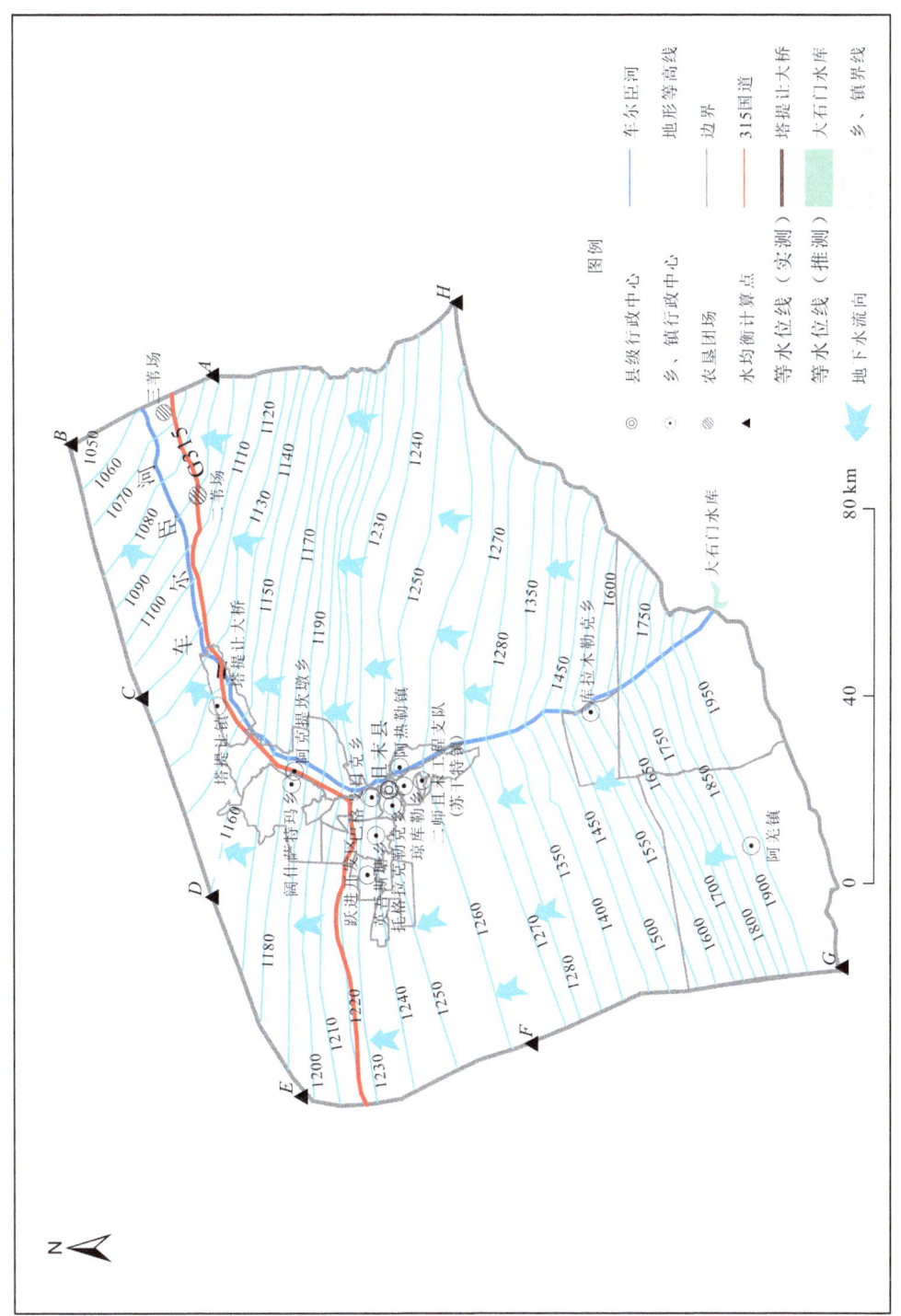

附图 23 均衡区示意图

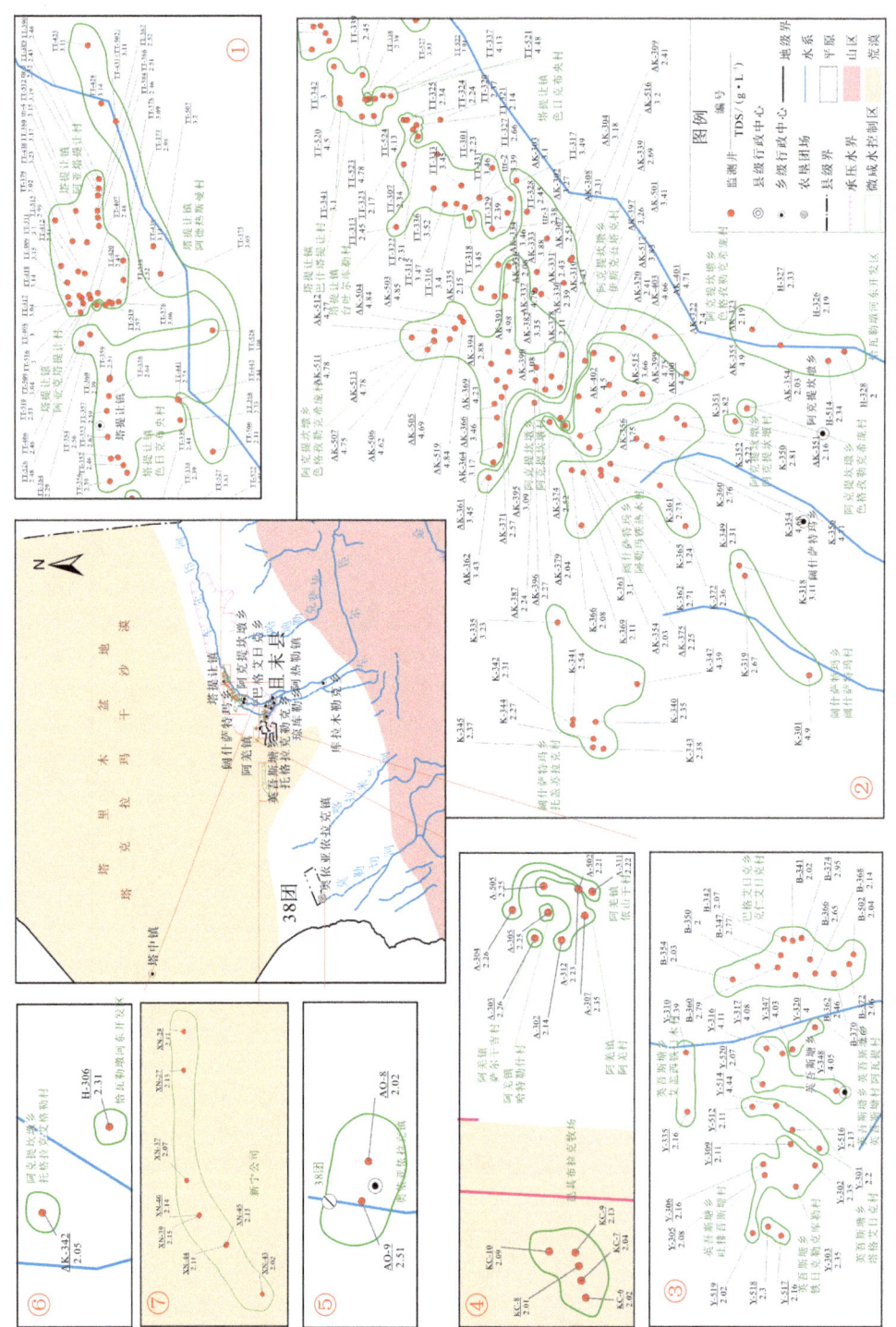

附图 24　且末县地下微咸水分布区域机井分布图

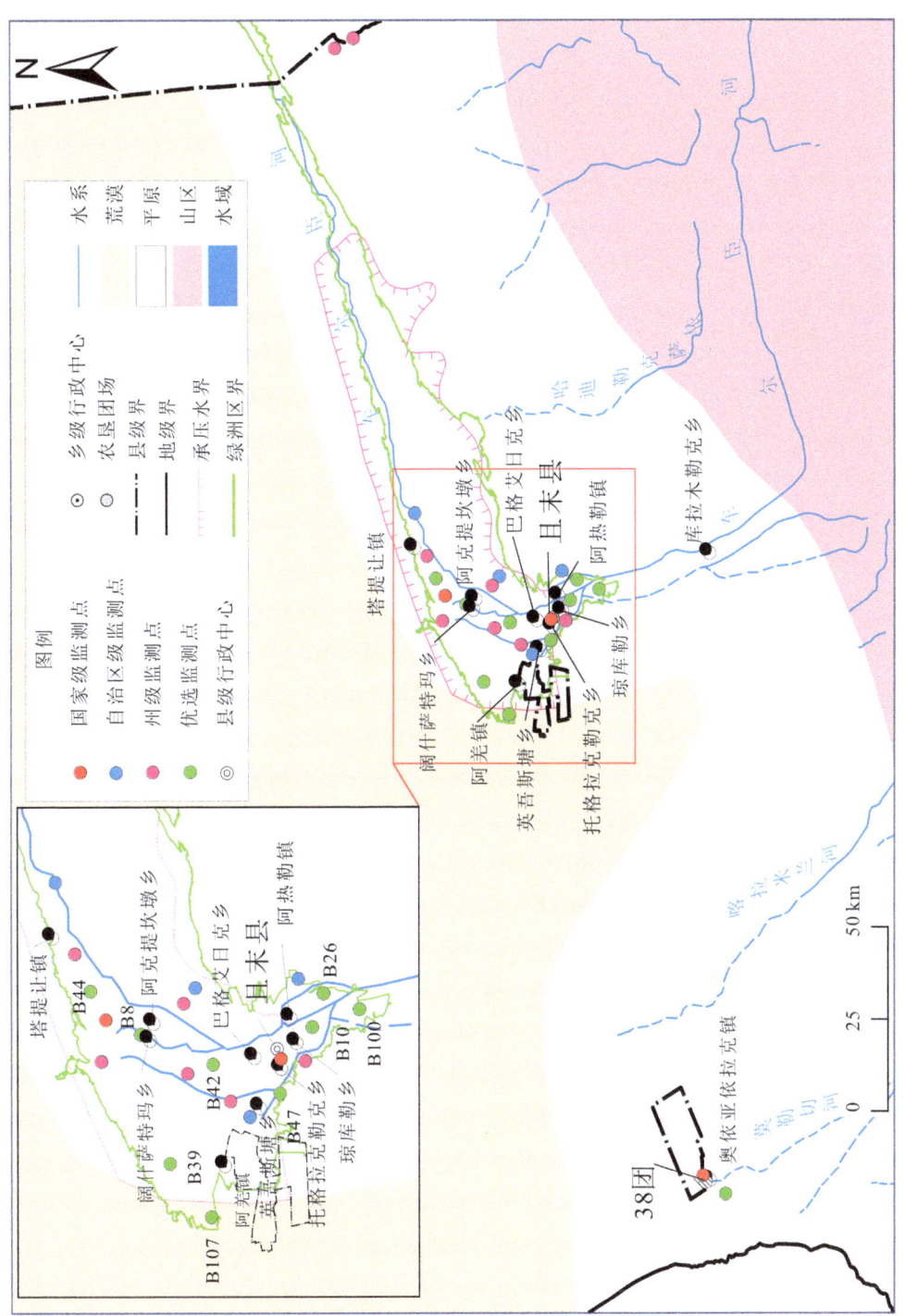

附图25 且末县绿洲区已有地下水位监测井与新增10眼监测井分布图